無塵室技術
設計、測試及運轉(第二版)

CLEANROOM TECHNOLOGY
Fundamentals of Design, Testing and Operation, 2/E

WILLIAM WHYTE　原著

王輔仁　編譯

John Wiley & Sons, Inc.

全華圖書股份有限公司

原著序

　　無塵室所提供之無污染環境對諸多現代化製造產業而言，是極為必須的條件。沒有無塵室技術，產品將受到污染，然後不是功能故障就是讓接觸者感染細菌。無塵室可應用在各種元件之製造，例如電腦、汽車、飛機、太空船、電視、光碟機及其它許多電子或機械裝置等之中的元件，而且也應用於藥品、醫療器材、及食品等製造上。

　　無塵室技術分為三個部份：無塵室之設計、測試、及操作；而本書以整體全面之方式涵蓋這三個主要面向。本書用意在於引介給讀者這些主題，或更新其相關知識。教導「無塵室技術」時，無論在大學授課或對無塵室人員作訓練，都會發現本書極為實用，因為內容之撰寫方式已考量到這些教學需求。

　　本書中所述及之大多原則都已在無塵室應用產業中被廣泛接受。然而，仍可發現在某些領域中還沒有可靠完善的建議諮詢，因此筆者必須用自己的知識及經驗來加以發展出某些指導準則。

　　本書第一版廣受好評，並已翻譯成數種語言。然而，現在有了關於無塵室的新資訊，而本版便包含了大量的新增內容。每章均有更新。更新方式可能是納入更多資訊，如在關於無塵室歷史之章節中，加進了早年醫院中的感染控制等資訊。然而，包含無塵室標準及準則等相關資訊的第四及五章需要大幅的更新。其他章節，如討論風險管理的第十六章，也作了大量校訂，特別是關於風險評估的小節。其他新加入的主題有：無塵環境建立(clean-build)、非均勻流無塵室之空氣供應量測定、RABS的限制進出隔離系統(Restricted Access Barrier Systems)、污染修復測試法、大型物件之進入無塵室、手套過敏問題、以及如何發展一套無塵室潔淨程序。

■ 誌謝

　　在本書第一版中，他們是(依字母順序)：Neil Bell，Charles Berndt，Roger Diener，Gordon Farquharson，Gordon King，Lynn Morrison，Bob Peck，Martin Reeves，Hal Smith 及 Neil Stephenson。我也要感謝蘇格蘭污染控制協會(Scottish Society for Contamination Control)的大力協助。Barbara McLeod 則閱讀並評述草稿，而 Isabelle Lawson 則繪製本書第一及二版中使用的大多圖示。

在準備第二版時，我請了一些無塵室技術專家協助校閱有改寫之章節。Don Wadkins 提供了第八章包含的無塵環境建立之相關資訊。R.Vijayakumar 校閱了第九章的高效率空氣過濾等內容。Tim Eaton 及 Koss Agricola 則校閱了第十六章的風險管理。Roger Diener 協助我重寫第十九章，關於材料、機械和設備的進入無塵室等內容。關於無塵室穿著的第二十章由 Charles Berndt 協助校訂。第二十一章的手套資訊則由 Elizabeth Hill 校閱。我在此一併感謝所有曾提供協助過的人。

本書之封面照片(編註:中譯本封面為重新設計)經愛丁堡大學圖書館的 Lothian 健康服務資料庫(Lothian Health Services Archive at Edinburgh University Library)、Micronova Manufacturing 公司、International pbi 公司、及 Metron Technology 公司等許可而再製。而本書中其他許可使用的照片及圖表均在各章末加以致謝。

最後，對於 John Neiger 協助全面徹底地從頭至尾檢查本書，在此謹表最深的謝意。John 將大量的潔淨空氣及污染技術等相關知識，與對於清晰又容易理解的寫作之熱情，兩者作了完美結合。本書第二版藉由他的付出而受益匪淺。

■ 關於作者

William (Bill) Whyte 為格拉斯哥大學(Glasgow University)的榮譽研究員。他致力於無塵室技術超過 45 年，並具有微生物領域的 Bsc 及機械工程領域的 DSc 這兩個實用資格。

他發表過超過 130 篇關於污染控制及無塵室設計的報告及論文。本書第一版是他在 2001 年所撰寫，他也編有另一書 *Cleanroon Design*(第二版，1999)。他是編寫國際無塵室標準的英國暨國際標準委員會(British and international standards committees)的會員之一。他也有豐富的產業諮詢顧問經驗。

因在無塵室技術的工作，他獲頒下列事項：環境科學及技術協會(Institute of Environmental Sciences and Technology，IEST)之研究獎金、蘇格蘭污染控制協會(Scottish Society for Contamination Control，S2C2)的榮譽終身會員、IEST 的 James R Mildon 獎、美國無菌製劑協會(Parenteral Drug Association，PDA)的 Michael S Korczyneski 獎補助(兩次)、Parenteral Society 年度貢獻獎、以及無塵室名人堂(CleanRooms Hall of Fame Award)。

譯者序

隨著高科技電子相關產業之蓬勃發展，無塵室目前已成為電子半導體製程工業、精密切削、生化科技、醫藥及食品工業等不可或缺之重要空調設施。近來，由於技術層次之提昇與創新發展，對於產品之高精度化與細微化之需求更為殷切，例如超大型積體電路(VLSI)之研製，精密軸承及光學機械製造等對於空氣中之粒子及粉塵污染極為敏感，且對產品性能與良率高低皆有著決定性影響。此外，在醫院設施(如開刀房及加護病房等)及 GMP 製藥與食品工業中為確保安全無塵無菌之空間，甚或在下一世代生物科技產業中，無塵室空調也將扮演積極與關鍵之角色。

在國內高科技產業園區已成熟發展的同時，無塵室設計及工程技術的需求也極為殷切，但國內相關無塵室的書籍卻極少見。因此，樂見在無塵室技術研究、教學及顧問工作從事超過 45 年之知名國際學者 W. WHYTE 教授之最新版新書，譯成中文以饗國內讀者。本書之編譯雖力求完美，然疏漏錯誤之處難免，尚希讀者先進及專家學者不吝賜教指正。

王輔仁博士(冷凍空調技師)

於國立勤益科技大學冷凍空調與能源系

編輯部序

「系統編輯」是我們的編輯方針，我們所提供給您的，絕不只是一本書，而是關於這門學問的所有知識，它們由淺入深，循序漸進。

本書譯自 W. WHYTE 原著 *Cleanroom Technology*(第二版)，內容除了亂流式無塵室與輔助無塵室之設計、無塵室之測試與監控、無塵室內及各區域間之移動、微塵粒子之計數等，還涵蓋無塵室技術的三個主要部份：設計、測試及運轉操作的相關問題。書中並且收錄了最新世界法規、網路、期刊及雜誌之相關訊息，對無塵室相關工作人員有很大的幫助。本書適用於公私立大學、科大電機、冷凍空調系高年級「無塵室設計」或「無塵室技術」相關課程使用。

最後，若讀者有任何問題，歡迎來函連繫(書末有書友服務卡)，我們將竭誠為您服務。

全華編輯部　謹致

目錄

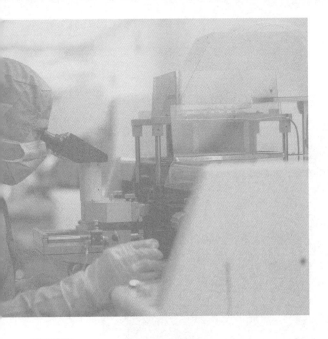

1

Introduction

簡介

1.1 何謂無塵室？

簡單的來說，無塵室(cleanroom)即是一個潔淨無塵的房間。然而，現在無塵室在國際標準化組織(International Organization for Standardization, ISO)14644-1 標準中，有一個特殊的定義如下：

> 無塵室是一間能夠控制微塵粒子濃度的房間，其建造及使用是將室外引進及室內產生的污染微塵粒子數降到最低為原則，而且包含其它相關參數(例如溫度、濕度和壓力等等)皆必須加以控制在必要之範圍內。

在上述文字的前三分之二已在本質上說明無塵室的意義。它是將引入或產生的污染粒子降到最低的一個房間。為了達到此目的，首先，吾人必須供給極大量經由高效率過濾網過濾之後的空氣。這些空氣是用來作為：(1)稀釋及移除房間內部經由人員、機器、其他來源所散播的微塵粒子及細菌；(2)對房間內部加壓並確保沒有髒的氣流進入到無塵室裡。其次，無塵室需使用不會產生微塵粒子，或「釋氣」(outgas)的空氣傳播化學污染物，且要能容易清潔的材料。最後，無塵室內部的工作人員需要穿著能夠把微塵粒子及微生物的散播降到最低的衣服。

上述各種對於微塵粒子之引帶與產生降到最低的方法以及相關量測皆將在本書中詳細討論。此外，無塵室亦包含控制溫度、濕度、噪音、照度及振動等等。然而，以上參數並非僅屬於在無塵室內特有的，因此有些部份之細節在本書中將不討論。

圖 1.1　無塵室及穿著無塵衣的工作人員

1.2　無塵室的需求

　　無塵室是近代科技發展的一個特殊現象。雖然無塵室的設計及管理要追溯到 150 多年以前，而且，當初無塵室原本是基於對醫院細菌感染控制的要求而產生的，然而工業製造對於無塵環境的需求在 1950 年代導致了近代無塵室的開展。無塵室之存在的必要性乃是由於人員、生產機器及建築材料等皆會產生污染。就像隨後在本書將討論的內容一樣，人員與機器均會產生數以萬計的微塵粒子，而傳統的建築材料也容易產生脫落分離以及「釋氣」的化學污染物。無塵室是控制所有這類潛在的污染，提供製造過程一個無塵的環境，以讓產品達到準確的品質與可靠度，並且，對於醫療產品而言，不會對病患產生危害。

　　無塵室的應用是極為廣泛且多樣性的，表 1.1 則是目前在無塵室內製造的產品應用之情形。

表 1.1 無塵室的一些應用

產業	產品
電子業	電腦、電視眞空管、平面螢幕
半導體業	電腦記憶體與控制等的IC生產製造
精密機械業	迴轉儀、精密軸承、CD播放器
光學工業	透鏡、照相軟片、雷射設備
生物科技業	抗生素產品、遺傳學工程
製藥業	無菌製藥、無菌處理
醫學設備	人工心臟瓣膜、心導管系統
食品飲料工業	釀造業、無菌包裝食品及飲料

　　由表 1.1 可知無塵室的應用主要可分爲兩部份。其中，粉塵粒子對於表 1.1 上半部的工業來說是重要的，而且它們的出現，即使只是次微米尺寸的微小粉塵粒子，均可能影響產品的功能或是減少產品的有效壽命。

　　無塵室的主要使用者之一是半導體製造工業，因其生產製造電腦、汽車或其它機器之控制處理器(processor)等等。如圖 1.2 爲一張有微塵粒子附著的半導體元件之顯微照片。即使像這樣小的微塵粒子亦將引起電的短路以及導致半導體元件的損壞。因此，爲了使污染的問題降到最低，半導體必須在潔淨度等級相當高的無塵室內製作才行。

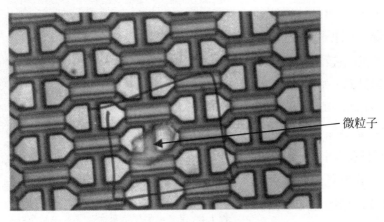

微粒子

圖 1.2 半導體上的污染微塵粒子

圖 1.3 中所表示的是奈米科技應用上的污染問題。圖片表示的是一個粒子落在正在向上生長的奈米碳管之中間區域。生長中的奈米碳管上，該粒子周圍的部分已經被粒子擴散的化學污染物所影響。作用於奈米碳管區域邊緣以外的可以看到正常地生長。在圖中，粒子大約為 10 μm 寬而作用的面積是直徑 70 μm。奈米碳管的直徑僅僅 2 到 3nm，所以很難各個區別出。1 奈米 (nanometre, nm) = 1/1000 微米 (micrometre, μm)。

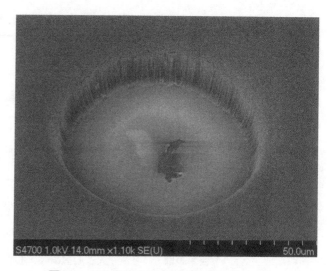

圖 1.3　污染微塵粒子作用於奈米碳管生長上

表 1.1 下半部所示的產業對於抑制微生物的需求較為殷切，因為當此微生物在產品上滋生時，將可能導致人類感染。醫療(healthcare)工業也是無塵室的主要使用者之一，因為微生物或灰塵皆不可經由藥品注射或置入至病人身上。而醫院之開刀房亦是使用無塵室技術來使傷口的感染降到最低，如圖 1.4。

表 1.1 中亦可見到許多最近科技文明創新產品在無塵室的應用例子，而且在未來，無塵室的需求無疑地將有更大的需求量，並且將會持續地增加及擴大。

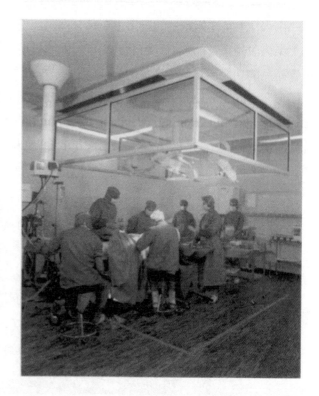

圖 1.4　用於手術室的單向氣流系統搭配封閉式手術衣

1.3　無塵室的型式

　　無塵室至今已逐步發展成兩種主要的型式，並且可由它們的通風方式來區分。有非單向氣流型和單向氣流型無塵室。單向氣流型無塵室的名稱源自於「層流」(laminar flow)式無塵室，而非單向氣流型無塵室為「亂流式通風」(turbulently ventilated)。使用「層流」一詞是個錯誤，層流在物理與工程上的氣流含意並未應用於無塵室。單向氣流是用來描述氣流的正確方式並且為 ISO 標準所使用。而單向氣流型無塵室所使用的送風空氣量較非單向氣流型無塵室高出許多，而且也提供更佳的潔淨度。

　　圖 1.5 與圖 1.6 為上述兩種主要型式的無塵室氣流流動方式之示意圖。圖 1.5 表示一間非單向氣流型無塵室，從高效率過濾網得到乾淨的空氣，並且擴散型出風口於天花板上。此潔淨的空氣混合了室內空氣並移除污染物，接著，再經由牆底的回風口抽離。換氣次數(air change rates)通常等於或高於 20 次/小時，此換氣次數較一般的空調區間(如辦公室)為高。在這種非單向流式的無塵室中，人員和機器所生之污染物能與供應之空氣混和及稀釋，從而移除。

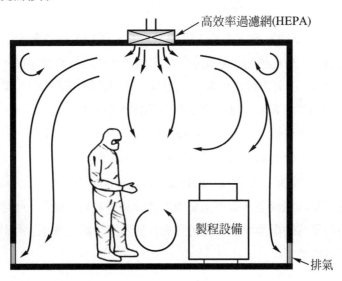

　　高效率過濾網(HEPA)

製程設備

排氣

圖 1.5　非單向氣流型無塵室

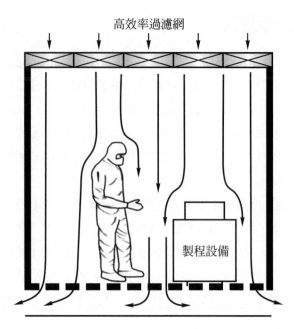

高效率過濾網

製程設備

圖 1.6　單向氣流型無塵室

　　圖 1.6 為單向氣流型無塵室之基本原理示意圖。高效率過濾網安裝置整個天花板上，而空氣是透過這些來提供的。當此空氣以單向的方式流經無塵室時，其風速一般約在 0.3 m/s(60 ft/min)，接著再經由地板回風離開，從而移除空間內的污染。這種系統所使用的送風量遠較非單向氣流型無塵室為多，但由於導向式氣流流動，所以可將無塵室內的污染物之擴散降到最低，且將污染物經由地板排氣格柵回風帶離。另一種的配置是將高效率過濾網安裝於整面牆，且由相對的另一面牆來將空氣帶離。

　　分離的裝置如單向流式工作檯(unidirectional airflow benches)或有害氣體隔離室(isolators)不論在非單向氣流型式或單向氣流型式的無塵室均有使用。此類型之工作檯將皆可局部地供給經過濾的潔淨空氣以滿足且提升無塵室等級之需求，例如在產品有直接接觸污染物的區域內使用。

1.4 何謂無塵室技術？

如圖 1.7 所示，無塵室技術主要可分為三個領域。當無塵室使用者由最初決定建造階段到最後實施運轉操作階段，均會使用、考慮到以下這三個無塵室技術領域的概念。

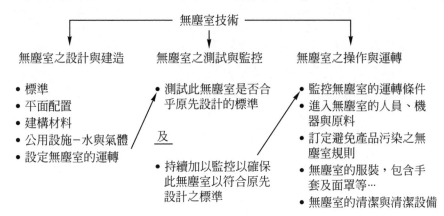

圖 1.7 無塵室各種技術間之關聯

首先，吾人需要設計與建造(design and construct)無塵室。執行此一步驟時，必須考慮：(1)應該使用何種設計標準，(2)應該使用何種無塵室設計之平面配置型式與何種建構材料，以及(3)如何提供無塵室之公用設施(水與氣體等)。

其次，在無塵室安裝施工完成後，必須經由測試來檢查其是否符合原先規範之設計。在無塵室的運轉年限內，皆必須實行監測(monitored)以確保此無塵室能夠持續地保持符合原先標準之需求。

最後，為了讓製造產品不受污染，必須正確地操作運轉(operate)無塵室。這要求舉凡人員及材料的進入、無塵室衣著的選擇、無塵室的訓練規定以及無塵室的清潔等，皆需正確執行。

而上述各種無塵室技術之基礎原理及要素均將在本書內詳加討論。

誌謝

圖 1.1 經 Compugraphics 及 M+W Pearce 公司的同意許可後再製使用。而圖 1.3 則經 Murray Whyte 同意許可再製使用。圖 1.4 經 Fishers Services 公司允許後再製使用。

2

The History of Cleanrooms

無塵室的歷史

2.1 早期的無塵室

圖 2.1 約瑟夫・李斯特

　　簡單地說，最早的無塵室是出現在醫院內。李斯特爵士在史上的貢獻是他領悟到細菌將會導致外科手術的傷口遭到感染。微生物的發現者，路易斯‧巴斯德(Louis Pasteur)寫道：「在研究的領域，機會是留給有心準備的的人」。當用在李斯特的發現是特別恰當的。1860 年他任職於格拉斯哥大學(Glasgow University)的外科講座教授。李斯特得知關於巴斯德的實驗，將肉湯煮沸並且隔絕空氣而防止了腐敗。李斯特認為這可以應用於醫院的傷口處理。他也看過石碳酸(酚，phenol 的舊名)已被用於淨化污水。當噴灑在污水區域的處理不只是可以抑制臭味，牛隻亦再也不會感染寄生蟲。在 1865 年李斯特將石碳酸用於傷口處理得到極佳的效果，並且，在 1867 年於外科手術中得到相同的成效。手術期間，他也用於開刀器具、傷口以及外科醫生的手，而且他同時企圖藉由噴灑空氣中，來預防空氣傳播感染。他發現這些步驟減少了許多細菌並且降地手術室的感染，此舉是第一個無塵室的科學基礎。

　　圖 2.2 是取自 1889年代所拍的照片，一群外科醫生正在蘇格蘭亞伯丁皇家醫院(Aberdeen Royal Infirmary)的開刀房內使用 Lister 殺菌噴霧器，並且將石碳酸噴灑到開刀房的空氣中來達到消毒的目的。當從某些觀點來觀察此照片的時候，將會發覺它是有趣的。

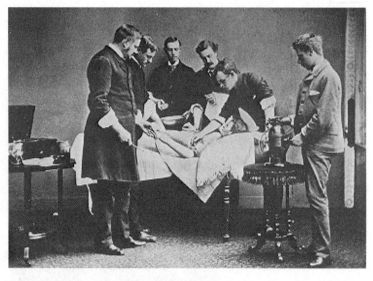

圖 2.2　一群外科醫生與(放桌上的)李斯特蒸氣噴霧器(Lister steam spray)

　　首先，圖中有 Lister 殺菌噴霧器，這是具有歷史上的重要意義，雖然它可能僅能夠做到減低一小部份在空氣中傳播的細菌。

　　第二，圖 2.2 從右邊數過來第三位是發現「葡萄球菌」(staphylococci)聞名的外科醫生安格斯頓(Alexander Ogston)。安格斯頓認為病人的膿腫是細菌所引起的，並且使用顯微鏡來觀察膿，他發現細菌是呈現鏈狀或成束狀的球菌。當他將這些膿腫移到動物上，

這些膿腫產生與原始細菌都爲相同類型的細菌。他在 1880 年和 1881 年發表了這些訊息。這類生長成鏈狀的細菌已經被發現且命名爲「鏈球菌」(streptococci)，但他所發現的束狀則並沒有，安格斯頓將它命名爲葡萄球菌(staphylococci)，是希臘字根 staphyle，成串的葡萄之意。因爲當它們長成菌落後呈現金黃色的外觀，他稱此細菌爲黃金葡萄球菌(Staphylococcus aureus)。這類的細菌仍然是醫院內感染的主要原因，並且抗新青黴素型的黃金葡萄球菌是主要感染控制的挑戰。

　　吾人也注意到當時一般所公認的無塵室衣著方式亦是一件有趣的事。雖然這張照片只是大概的樣子，與實際手術穿著也是相同類型，但是仍可得知當時手術工作的進行中並沒有較潔淨或消毒的手術服裝。連身大衣是當時標準的服裝並且當它太舊時則用於開刀房。手術爲一易污染且骯髒的工作，因此常在穿著較舊服裝時進行，它會隨著歲月而褪色，沾滿著血跡和膿。外科醫生可能穿著工作圍裙或手術長袍，只是其目的是用來防護自己的衣物避免沾到血而已，並非是刻意用來防護病人遭受他身上的細菌感染。

　　圖 2.3 的照片是取自 1890 年代在蘇格蘭愛丁堡皇家醫院，其顯示出一些外科手術房裡面的觀點將會引起現代無塵室中的工作者之興趣。由圖左上方的氣體燈(gas lamp)及手術房內的各種設施可以確定這張照片的年代與初步的認知。在照片中也可

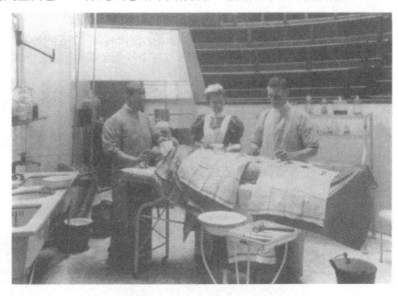

圖 **2.3**　1890 年代晚期之開刀房

看見外科醫生們已開始身著長罩衣，但卻還沒有戴醫用手套、醫用帽子或口罩。而在圖中開刀房的後方是一間提供醫學院學生觀看手術實況但卻未考慮細菌散播問題的長廊；此長廊也就是爲何世界上仍有許多地方的開刀房(operating room)稱爲開刀「教室」(theatres)的原因。由照片中亦可看出地板是木製之地板材料，並且水槽、水桶與暴露的管子皆反映出在過去一段很長的時間當中，人們對於污染控制的認知是極爲有限的。

　　李斯特爵士藉由使用殺菌劑(antiseptic)的方法使傷口導致敗血症之機會減低，因為他使用了殺菌劑來殺死繃帶上、外科醫生手上以及開刀房環境中的細菌。隨後，他早期的助理之一，William Macewan 先生成功地接替了李斯特爵士，在蘇格蘭格拉斯哥大學當外科醫學教授，並且與其他在德國及美國的外科醫生發展且宣揚李斯特爵士的技術，進而使醫學技術進入到無菌的(aseptic)年代。這項些技術並非試圖殺死進入傷口的細菌，首要目的而是預防細菌進入傷口。人們開始制定手術用的器具與繃帶必須經過煮沸殺菌的規定，而且外科醫生及護士亦必須確定他們的雙手在手術前已經過仔細地「刷洗」以確保消除細菌。而在 1900 年代時，外科專用的手套、口罩及手術衣皆已開始為醫學界普遍地採用。並且這些物品在手術之前皆必須經由蒸氣消毒，儘管其所使用的溫度與壓力都較現今所使用的為低。這些方法都是當今無塵室技術的重要基礎。

　　圖 2.4 是愛丁堡皇家醫院的開刀房，大約是在 1907 年時所拍攝的照片。在與圖 2.3 對照之下顯得相當引人注目。已有電力配置外，更重要的是，外科醫生已戴有手套及面罩的事實。然而，有些面罩僅罩在鼻子下方，直到 1930 年代末期，人們才開始正確地理解到面罩應掩蓋住鼻子。而此時也開始採用磨石子型式的地板以及貼瓷磚的牆壁，以便於消毒與清潔工作。

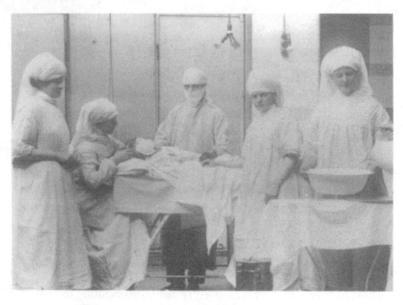

圖 2.4　1907 年代具無菌防護措施之開刀房

2.2　通風型開刀房

　　雖然 1950 年代以前的開刀房建造已具有相似於現代無塵室污染控制的方法，但一個重大的匱乏是以過濾之空氣作正壓通風的設計。1940 年代時，在溫帶氣候地區的醫院內是很難見到人造通風的設計，而且大多僅是為了舒適而非針對污染之控制。直到第二次世界大戰(1939-1945)結束之後，醫院內才針對污染控制而主張通風設計。發生於戰時的，人群處於擁擠環境中的空氣傳播感染問題，例如在潛水艇中、空襲避難所或軍隊兵營內等等，此類問題在當時就已開始有人從事研究。而微生物戰需要微生物傳播，這也有所研究。此外，在二次世界大戰期間，空氣傳播的細菌之樣品即已被創作出來，且在房間內的通風設計及微塵粒子的氣體動力學方面也都已開始展開研究。

　　在 1960 年代初期，大部分支配亂流式無塵室性能的原理均可被了解與掌控。而人員是傳播細菌主要來源的事實亦可加以證實，其中，這些細菌經常大量地散佈在人們的皮膚上。編織式的棉織服裝僅能預防極少數細菌的散佈，因此只有緊密編織的衣物才是預防細菌所需要的。

　　在 1960 年代，Blowers 與 Crew 等人在英格蘭的 Middles borough 的開刀房內，試圖藉由全面覆蓋擴散型出風口的天花板去獲得「活塞式」(piston)垂直向下的氣流(即均勻流型式，但當時並無此稱謂)。但是不幸地，由於人員移動會引起亂流，人員本身與手術室的燈具也會引起一股熱的氣流，因此開刀房中的低流速氣流會有混亂的情形出現，也使得均勻流型式的氣流無法實現。於是，當時的 John Charnley 教授在 Howorth 空調公司的協助下，便決定改善他位於英格蘭曼徹斯特(Manchester)附近 Wrightington 醫院開刀房內之通風設計。

　　Charnley 教授是髖關節更換外科手術的創始者。他設計出一種手術，以材料為塑膠與金屬的人造關節來代替病變關節。但在他剛開始手術期間，卻出現 10%左右的敗血症比率。基於這個嚴重問題的考驗，因此他便開始採取一些預防措施。亦即藉由在當時(1961 年)可獲取的知識中，Haworth 公司與他便再試圖得到較完美之「活塞效應」(piston effect)的均勻下降氣流。此次他們選擇僅限制在一較小的區域內，而不是採開刀房內全面的天花板(如同 Blowers 及 Crew 等人所做的)，因此下降的氣流得到明顯的改善。其中，他們使用 7 ft × 7 ft 的「溫室」(greenhouse)，其放置於開刀房中。如圖 2.5 所示。圖 2.6 之圖示為 Charnley 教授所建立之「溫室」內的氣流運作情形；由圖中同時也可以看見在手術台附近已實現出一適當降下的單向氣流。

圖 2.5　Charnley-Howorth 之「溫室」(greenhouse)

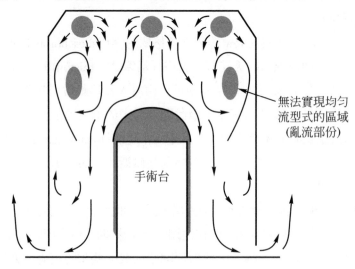

無法實現均勻
流型式的區域
(亂流部份)

手術台

圖 2.6　Charnley 教授原始設計「溫室」系統氣流情形之斷面圖

　　Charnley 教授與 Howorth 空調公司隨後增大送風量及加入某些設計改良，方法是運用從美國及其他各地的層流(單向流)式系統的工作而來的經驗及知識。Charnley 導入了為手術團隊所穿著的改良式織物結構與設計服裝，以降低細菌的傳播。他發現改良手術室的通風與服裝大幅地降低空氣中細菌含量。這些減少量相當於，從 1959 年時，由於開刀房條件較差，而約有 10%的髖關節感染率，降到了 1970 年時，由於他所有的系統

改良皆已完成而小於 1%以內。在 1980 年代，英國的醫學研究學會(Medical Research Council)證實，使用均勻流式之開刀房及封閉式的手術衣，將可把關節敗血症的感染率降為使用傳統亂流式通風型開刀房的四分之一。

2.3　早期的工業無塵室

在工程工業領域裡，類似於醫療無塵室的發展也逐漸地進行著。全球首度為了工業製程而發展的無塵室創立於第二次世界大戰期間，當初最主要的目的是希望能夠改善使用於槍械，坦克以及飛機製造設備及零件之可靠性與品質。製造環境之潔淨度是必須加以改善的，否則有些精密設備元件，例如投彈瞄準器等將可能發生故障。圖 2.7 是一張拍攝 B-17 轟炸機機鼻的圖片，諾登投彈瞄準器(Norden bombsight)在二次世界大戰中用於美國戰機，來確保轟炸的精準度。因為有齒輪，球軸承與陀螺儀若有髒污會造成誤差，所以在製造中需要清潔的條件。

為達到無塵，當時認為無塵室就像保持家中的清潔。例如使用某些不易產生微塵粒子的不銹鋼材質來保持表面的潔淨。人們並未得知由機器與人員所產生的大量微塵粒

圖 2.7　在 B-17 轟炸機機鼻的諾登投彈瞄準器

子可以藉由大量潔淨的空氣來使之降低。例如在製藥業的製造區的主要概念，僅是藉由使用大量的消毒劑來保持其為無微生物的環境而已。而牆壁為了滿足無微生物的環境通常會使用瓷磚，地板則是使用設有排水溝及排水管的磨石子地板以便將消毒劑排出。而其通風之設計也相當簡單，每小時的換氣次數非常少，並且在室內或不同區域之氣流移動控制方面也很少提及。人員也僅穿著類似於當時開刀房所使用的棉質服裝而已，而且即使有更衣區域的設計存在時，也是極為簡單而已。

　　二戰期間實行的核分裂研究工作以及生化戰研究，驅使人們發展高效率過濾網 (HEPA)來過濾危險的輻射性、微生物或化學污染物。使用同種類的過濾網亦使得無塵室可被提供非常潔淨之空氣，從而實現極低程度的空氣傳播污染。

　　在 1955 年至 1960 年代初期，開始有經由天花板擴散型風口供應大送風量，且經濾網良好過濾的無塵室系統被建造出來。而 1950 年初期，位於美國北卡羅萊納州 Winston-Salem 的 Western Electric 公司，在製造飛彈陀螺儀(missile gyroscopes)時出現了某些嚴重的問題。即每一百個陀螺儀中就有約 99 個，會因為灰塵(dust)的緣故而被視為瑕疵品而退件。於是便開始意識到「無塵」(free dust)的環境必須加以建立，並且由 AC 公司在 1955 年時完工。如圖 2.8 即是該公司在無塵環境完工後開始運作的情形。

圖 2.8　Western Electric 公司之陀螺儀生產區

　　這個工程的建造可能是第一個符合所有無塵室需求的生產型無塵室。其工作人員穿著合成材質編製的服裝與帽子，並且也有提供專用更換服裝的更衣室。在建築物的材料方面，也特別挑選容易清潔且不易產生微塵粒子的建材。室內構裝幾乎沒有裂縫及稜角，並且地板皆以乙烯樹脂覆蓋直到牆邊，照明設備亦裝設與天花板齊平以防止灰塵的堆積。就如同從照片的右後方已可看到有傳遞窗(pass-through window)的設計使用。而且此空調所供應的空氣是經由能夠移除 0.3 μm 粒徑之微塵粒子，且過濾效率可達 99.95% 的「絕對」(absolute)濾網所過濾，並且無塵室內始終維持在正壓狀態之下。

2.4 單向氣流無塵室

　　通風設計中的「單一方向」(unidirectional)或稱「層流」(laminar flow)，此觀念在歷史上的分水嶺是於 1960 年在美國新墨西哥州 Albuquerque 的 Sandia 實驗室裡所發明的。雖然這是個團隊努力的結果，但是主要的仍舊得歸功於 Willis Whitfield 先生。圖 2.9 是 Willis Whitfield 在他於 1961 年所建造之原創無塵室的照片。

　　此原創的無塵室並不大，僅寬 6 ft、長 10 ft、高 7 ft (1.8 m × 3 m × 2.1 m)。取代以往的天花板擴散型出風，及以不規則送風方式與室內空氣混合，而是藉由一整排的 HEPA 過濾網來送風。這是為了確保氣流移動時能在均勻流動的方式下進行，並從過濾網開始穿過整個房間之後，再由地板格柵回風。

圖 2.9　Willis Whitfield 先生在他原創的層流式無塵室內

　　如圖 2.10 即是最初的單一方向流型無塵室之氣流穿過房間的剖面圖。由圖中可見，當人員在無塵室內的工作檯作業時並不會污染製作過程，因為他們前方的污染物將會被氣流帶走。

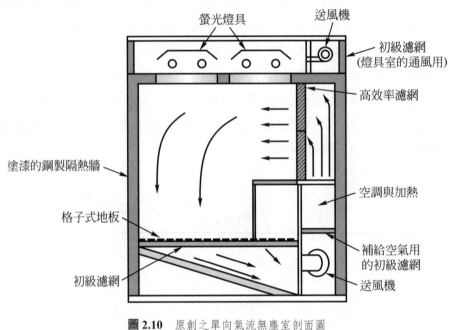

螢光燈具

送風機

初級濾網
(燈具室的通風用)

高效率濾網

塗漆的鋼製隔熱牆

空調與加熱

格子式地板

補給空氣用
的初級濾網

初級濾網

送風機

圖 2.10　原創之單向氣流無塵室剖面圖

　　此位於 Sandia 的發明，隨後發表於 1962 年 4 月 13 日的時代(Time)雜誌內，而且此篇文章非常令人感到有趣。其文章的內容如下：

『Mr. Clean

科學家們在 Albuquerque 的 Sandia 公司設計及配裝核子武器，其對潔淨度的要求相當嚴苛。而且極為必要。當武器的構成零組件愈來愈精密時，此時即使僅有一顆灰塵粒子的出現，也將會導致相當大的問題。出生於美國德州的物理學家 Willis J. Whitfield 是整個 Sandia 公司最嚴格的主管，同時也是 Whitfield 超潔淨無塵室的創始者。「我思索關於灰塵粒子」，他緩慢地說著。「這些搗蛋鬼是從哪裡產生的？他們又跑到那裡去了？」。有一回在他回答他自己的問題之後，物理學家 Whitfield 便發現傳統工業無塵室之原理有不對的地方。

　　為了在持續增加的製程作業中能避免灰塵粒子的釋放,通常製造過程在無塵室中進行已是不可或缺的。抽煙是禁止的,而由於鉛筆會掉落黑鉛微粒,所以其和抽煙一樣也應該是必須禁止的。當人員在無塵室內工作時,應以特殊的鞋子、帽子及連身工作服「包裹」(packaged)著,並且在他們進入無塵室之前均需要經過真空清潔。而無塵室本身亦應持續地保持真空。但是儘管已做了所有的預防措施,無塵室在每立方英呎的空氣內卻仍然容納有約一百萬個以上粒徑為 0.3 μm (0.000012 in.)或更大的灰塵粒子。此對一般的空氣而言已經有相當大的改善了,但是 Whitfield 仍相信自己一定可以做的更好。於是他放棄了避免灰塵粒子產生的消極想法,而決定採取當灰塵粒子一出現時,便立刻將其移除的積極作為。

　　Whitfield 的超潔淨無塵室看起來就像拖掛於車子後方沒有輪子的金屬屋子。它的地板是金屬格子式的。其內裝以不銹鋼材質做為內襯,然後沿著牆面工作檯有 4 ft × 10 ft (121.92 cm × 304.80 cm)的絕對過濾網(absolute filters),其作用是藉由緩慢流動與過濾來移除所有大於 0.3 μm 的微塵粒子。大多數的無塵室僅是用過濾網來清潔進入的空氣。而 Whitfield 的技巧則是藉由過濾網來製造無塵的空氣以維持室內的潔淨。無塵室內的氣流將以 1 mph(相當緩慢)的速度穿越工作台以及正在工作的人員。因此,工作人員僅需穿著平常的服裝即可,甚至可以抽煙。藉由潔淨的空氣,將可以帶走人員產生的頭皮屑、抽煙產生的煙霧、鉛筆灰塵粒子以及其他的危塵粒子,再沖刷至下方之格柵式地板並排放至室外。此無塵室將以每六秒更換一次超潔淨的空氣。因此沒有任何微塵粒子有機會在無塵室中循環,也正因為如此,物理學家 Whitfield 的無塵室比其他的競爭者要潔淨 1000 倍以上。』

單一方向流型無塵室通風的設計觀念,伴隨著人們對高品質無塵室的需要而更為殷切,因此,隨後便很快地為許多各種不同產業所接受。

誌謝

　　圖 2.2 經 Aberdeen 市議會圖書館資訊服務部門同意後再製使用。圖 2.3 與圖 2.4 經 Edinburgh 大學圖書館的 Lothian Health Service Archive 同意後再製使用。圖 2.5 經 Howorth Airtech 公司同意後再製使用。圖 2.6 經 British Journal of Surgery 同意後再製使用。圖 2.7 是得到帝國戰爭博物館(Imperial War Museum, Duxford)的保管部門所同意的翻拍。而文章「Mr. Clean」則是經 Time 公司同意後再製使用。

無塵室分類標準

3.1 無塵室標準的歷史

　　第一個無塵室的標準是在 1961 年 3 月由美國空軍所發表，是為人所知的 TO 00-25-203 技術手冊。在此標準內考慮了無塵室的設計與微塵粒子的標準，並且亦包含了無塵室操作程序的規範，例如：進出無塵室的程序、穿著服裝的規定、物品的限制、材料清潔的規定以及清潔無塵室的步驟等等。然而，其中對於無塵室設計及操作最具影響力、且為現行 ISO 標準即 ISO 14644-1:1999 的基礎之標準為則是美國聯邦標準 209(Federal Standard 209)。

　　發明均勻流概念的 Sandia 公司團隊，以及藉由美國軍方、工廠與政府部門的支援幫助下，在 1963 年首度提出了聯邦標準 209。這個標準提及到非單向氣流與單向氣流無塵室兩者。在此標準中，第一次提到了藉由光學微粒子計數器，來測量粒徑大於等於 0.5 μm 的微塵粒子之要求；這些設備在現今之商業儀器市場上已可輕易購得。人們經常會對法規為何採用 0.5 μm 之粒徑作為標準尺寸而產生疑問。其原因是由於該尺寸為「當前可達技術」，是當時的微塵粒子計數器所能測量到的最小粒徑。

　　人們對於聯邦標準 209 中，為何建議均勻流型無塵室要採用 90 ft/min 的風速亦有疑問。其原因則是因為在 Sandia 公司的第一間層流式無塵室中，其理論上計算移除送風濾網前方落下的微塵粒子之風速即為 90 ft/min。而另外有見解說，Willis Whitfield 先生當初所用的供風風扇之風速即為 90 ft/min。而筆者曾與 Willis Whitfield 先生討論過此問題，他說供風風扇的氣流速度可達 50 ft/min 至 200 ft/min 之間。但當無塵室處於高流速時，室內噪音將會相當大且維修費高。而當無塵室之風速為 50 ft/min 且僅有一人在無塵

室內時,將可能獲得令人滿意的微塵粒子計數。然而,若有數個人在無塵室內時,則風速必須提高至約 90 ft/min 至 100 ft/min 才足以控制微塵粒子之污染。由於他與他的團隊是在有時間壓力的情形下作出設計單一方向流型無塵室的資料,並且又沒有多餘的時間作較科學且周密之評估,因此便採用此氣流速度了。

另一個問到關於聯邦標準的問題,在此 ISO 14644-1:1999 是有關「清潔度等級(class limits)」。潔淨度等級是對於每個無塵室分類中各個粒子尺寸的最大容許含量,參考圖 3.2。這些等級分類的建議以一些理論方式導出。也是從很多無塵室的空氣取樣的結果所獲得。

無塵室的標準為了因應無塵室工業的持續蓬勃發展,也已經不斷地被撰寫與改版。接下來將會討論到這些方法。

3.2 無塵室標準的基礎

藉由使用於無塵室微塵粒子尺寸的說明是最適合本章節的開頭。其測量的單位為微米(micrometer),一微米(1 μm)即指一百萬分之一。微米通常被縮寫為「micron」。圖 3.1 所繪出的是微粒尺寸的比較。而人類頭髮的尺寸是肉眼容易察覺的,其直徑大約介於 70 至 100 μm。另外有些微塵粒子需先藉由在平面上以透視之方法才能得知其粒徑大小。此類微塵粒子的直徑大約 50 μm,其能否觀察得到則是取決於人員視力的敏銳性、微塵粒子本身的顏色以及其背景的顏色。

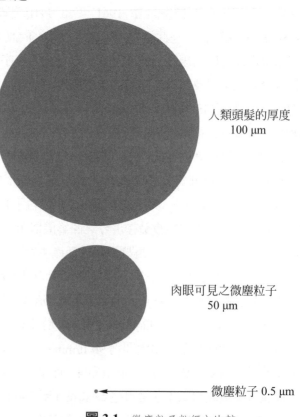

人類頭髮的厚度
100 μm

肉眼可見之微塵粒子
50 μm

微塵粒子 0.5 μm

圖 3.1 微塵粒子粒徑之比較

　　無塵室是依據室內空氣的潔淨度(cleanliness)來區分其等級。第一個無塵室的分類是包含在美國聯邦標準 209(Federal Standard 209)。儘管聯邦標準 209 在 2001 年已經撤銷，後繼在 1999 年發表的國際標準 ISO 14644-1，其分類仍被廣泛地使用。ISO 14644-1 已被世界廣泛地採用，本書使用它的無塵室分類。

3.3 美國聯邦標準 209

　　最初之美國聯邦標準(Federal Standard) 209 是 1963 年時發表的，其標題為「無塵室與工作站的需求及環境控制」(Cleanroom and Work Station Requirements, Controlled Environments)。其版本修訂依序為在 1966 年修訂為 209A，1973 修訂為 209B，1987 修訂為 209C，1988 修訂為 209D，1992 修訂為 209E，並於 2001 年撤銷。無塵室分類等級如表 3.1。而無塵室真正的等級，是藉由量測每立方英呎之空氣中，所含有大於或等於 0.5 μm 粒徑的微塵粒子數，如果訂其未超過法規等級限制的微塵粒子數，便依據其作為決定無塵室等級分類之準則。

表 3.1　聯邦政府標準 209D 之規範

潔淨度等級	微塵粒子數/ft^3				
	≥ 0.1 μm	≥ 0.2 μm	≥ 0.3 μm	**≥ 0.5 μm**	≥ 5.0 μm
1	35	7.5	3	**1**	NA
10	350	75	30	**10**	NA
100	NA	750	300	**100**	NA
1,000	NA	NA	NA	**1,000**	7
10,000	NA	NA	NA	**10,000**	70
100,000	NA	NA	NA	**100,000**	700

3.4 ISO 14644-1:1999 標準

　　國際標準化組織(International Organization for Standardization, ISO)發展了一系列的無塵室標準。其所涵蓋的無塵室重要問題之範圍相當廣泛，例如分類、設計、測試、操作及生化污染等等。第一個系列發表於 1999 年，為 ISO 14644-1 無塵室與相關之控管環境第一部(Cleanrooms and associated controlled environments Part 1)：空氣潔淨度的分類(Classification of cleanliness)。並且提供了無塵室分類之方法。其他一系列的 ISO 標準將在本章後續與第 4 章探討到。而 ISO 14644-1 的購買管道資訊也述於第四章中。表 3.2 是 ISO 14644-1:1999 所給出的微粒子清潔度等級。

表 3.2 摘自 ISO 14644-1:1999 中無塵室及潔淨區域之空氣微粒潔淨度等級規範

ISO 等級編號	大於等於某粒徑微粒子數的最大濃度限制(微塵粒子數/空氣)					
	$\geq 0.1\ \mu m$	$\geq 0.2\ \mu m$	$\geq 0.3\ \mu m$	$\geq 0.5\ \mu m$	$\geq 1\ \mu m$	$\geq 5.0\ \mu m$
ISO 等級 1	10	2				
ISO 等級 2	100	24	10	4		
ISO 等級 3	1 000	237	102	35	8	
ISO 等級 4	10 000	2 370	1 020	352	83	
ISO 等級 5	100 000	23 700	10 200	3 520	832	29
ISO 等級 6	1 000 000	237 000	102 000	35 200	8 320	293
ISO 等級 7				352 000	83 200	2 930
ISO 等級 8				3 520 000	832 000	29 300
ISO 等級 9				35 200 000	8 320 000	293 000

表 3.2 的 ISO 分類是基於下列之方程式:

方程式 3.1

$$C_n = 10N \times \left[\frac{0.1}{D} \right]^{2.08}$$

其中:

C_n 是空氣中微塵粒子數最大的容許值(每立方公尺空氣中的粒子數),也就是其值應大於或等於所考慮的微塵粒子數。取四捨五入後的整數值,並且所使用的有效位數不可超出三位。

N 是 ISO 分類等級的編號,此編號不可大於 9。而介於中間的 ISO 分類等級之編號也是可以加以指定的,且以最小為 0.1 的數量增加。

D 是所考慮的微塵粒子粒徑,單位為微米(μm)。

0.1 是一常數,單位為微米(μm)。

注意到 ISO 14644-1:1999 的基礎是聯邦標準 209,並且兩個分類方法之間有個關連。如果每立方公尺的微塵粒子數是根據 35.2 個粒子數來劃分時,那麼可將此計數的結果轉換為每立方英呎所含有之微塵粒子數,這幾乎與聯邦標準 209 所給出的數量相同。在表 3.3 中是表示(針對 0.5 μm 粒子)ISO 14644-1:1999 相對於聯邦標準 209 之分類標準的級數。例如 ISO Class 5 針對 0.5 μm 相當於聯邦標準 209 內的 Class 100 針對 0.5 μm。

表 3.3 摘自相同等級的 FS 209 與 ISO 14644-1 標準的比較

ISO 14644-1 等級	等級 3	等級 4	等級 5	等級 6	等級 7	等級 8
FS 209 等級	等級 1	等級 10	等級 100	等級 1,000	等級 10,000	等級 100,000

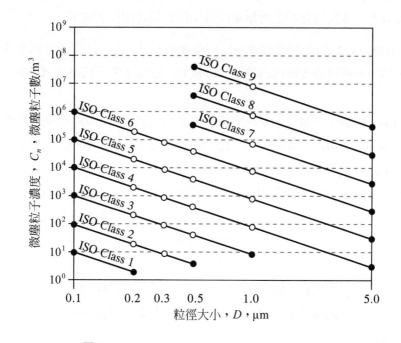

圖 3.2 特定 ISO 等級粒子濃度極限之圖形表示

和表 3.2 有相同的資訊,圖 3.2 所表示的圖形化格式。

要注意到,無塵室的空氣微粒濃度取決於無塵室內的微粒產生活動。如果無塵室內是空無一物時,將能夠達到非常低的微塵粒子濃度,此時亦可準確地反映出高效過濾器的供風品質。如果在無塵室中已有製程生產設備運轉,則將會產生較多的微塵粒子;而如果在都會產生污染的機器與人員都在作業,且已完全運轉生產的無塵室中,無塵室內的微塵粒子將達到最高值。在 ISO 14644-1:1999,無塵室的分類標準將依據上述各種不同操作狀態來加以分類,如下:

1. 完工狀態(As built)：即無塵室的運作功能及所有工程已全部完成，但室內沒有製程設備、原料或工作人員之狀態。

2. 設備進機完成(At rest)：即無塵室已全部完工，室內亦已有製程設備，並且可運轉在工程公司及業主均同意之情形下，但是室內不包含任何工作人員。

3. 運轉狀態(Operational)：即無塵室已完工且機器已安裝，並且運作在業主所要求的指定等級下，以及包含業主所指定數量工作人員之操作狀態下。

ISO 14644-1:1999 也給出量測無塵室是何種等級的方式。此方法主要是爲了決定取樣點數之多少，其中分析與報告取樣的體積及取樣的微塵粒子數，將在本書的第 14 章中詳加討論。

　　ISO 14644-1:1999 也包含了一種方法來根據超出表 3.2 之尺寸範圍之粒徑而指定無塵室。超微細(≤0.1 μm)之小微塵粒子，其對於半導體及類似產業相當重要；而粒徑較大之巨微塵粒子(≤5 μm)則對如醫療設備等小微粒不重要之產業較爲重要。而纖維物質亦可加以指定說明。M 的敘述方法是針對包含較大微塵粒子(macroparticles)並使用下列格式加以描述：

$$M(a; b); c$$

其中：

a　是所容許的最大微塵粒子數(表示爲每立方公尺較大微塵粒子)；

b　是等效直徑，與測量較大微塵粒子的定義方法有關。(表示爲較大微塵粒子)；

c　是指定量測之方法。

例如：「M(1,000; 10 μm-20 μm)；在使用微小尺寸與計數後之多級衝擊法」。M_{fibre} 是用於纖維。而超微細之微塵粒子的分類方法亦類似。

3.5 製藥用無塵室之分類

　　製藥業所使用的無塵室有他們自己特有的標準規範。其中較爲人們所廣泛採用的是歐盟與美國所頒佈的標準。這有更爲重要的指南，其他的國家都涵蓋在相互認可的監管制度，或是他們的當地標準更爲充分地符合 EU 和 FDA 規範的要求。

3.5.1　歐盟之優良產品製造法規

　　使用於歐洲的製藥標準稱之爲「歐盟醫藥產品管理法規第四冊，歐盟之人類及家畜用之醫藥產品優良產品製造法規」(The Rules Governing Medicinal Products in the European Union, Volume 4, EU Guidelines to Good Manufacturing Practice, Medicinal Products for Human and Veterinary Use)。最有關的部分是附錄一，最近一次的修訂是在2008年。此法規常常被稱之爲歐盟之優良產品製造法規(European Union Guide to Good Manufacturing Practice, EU GGMP)。這通常被稱做爲歐盟 GMP，但這不是正確的縮寫故不用於本書之中。此法規也以歐盟(EU)內不同國家的各種語言寫成，關於如何獲得此法規的資訊將在第四章提及。

　　關於無菌醫藥產品製造之潔淨區分爲四個等級(Grade)。需求等級決定於產品的種類與需避免污染的製程部分。這些等級在歐盟 GGMP 附錄 1 給出，如下：

「**A 級**：這是高風險操作局部區域，例如填裝區、擋碗(stopper bowls)、打開安瓶和小瓶、無菌連接。一般這樣的條件是由層流氣流工作站提供。層流氣流系統提供速度範圍介於 0.36-0.54 m/s(導向值)的均勻空氣，在開放潔淨室應用的作業位置。這維護的規則必須有示範與驗證。單向氣流與低速度可被用於封閉的隔離器和手套箱。

B 級：對於無菌製備與填充，這是對於 A 級區域的背景環境。

C 級和 D 級：在無菌產品的製造中進行非關鍵階段之潔淨區域。」

表 **3.4**　歐盟 GGMP 定義的空氣潔淨度等級的最大量微塵粒子之限制

等級	最大允許之微塵粒子數量/m³，等於或大於所考慮之微粒子粒徑			
	無人員時(b)		運轉中	
	0.5 μm	5 μm	0.5 μm	5 μm
A	3,500	0	3,500	0
B(a)	3,500	0	350,000	2,000
C(a)	350,000	2,000	3,500,000	20,000
D(a)	3,500,000	20,000	未定義(c)	未定義(c)

　　針對此四個等級將空氣中傳播之微塵粒子加以分類於表 3.4 中。可以看到給出每立方公尺中的微塵粒子污染，對於粒子≥ 0.5 μm 和粒子≥ 5.0 μm 兩者，並且在靜止和運作中的兩個條件都進行測量。「靜止」的條件定義於附錄 1，爲「已完成安裝和操作，備妥製造設備但無操作人員存在的狀態」。「靜止」的條件是用來確認無塵室是否運作正確的

條件，並且分類方法在 ISO 14644-1:1999 給出。「運作中」是被定義爲「所配置的功能在定義的操作模式中，並且由定額的人員操作的條件」。「運作中」的條件可以在一般製造運轉或是在類似的運轉中測量，「並且監控位置取決於制式風險分析研究，結果包含無塵室的分類以及(或)空氣清靜裝置。下列由附錄 1 所給出的資訊是關於表 3.4。

「A 級區域分類用途，每個樣本位置必須進行 1 立方公尺的最小取樣容量。對於 A 級空氣微塵粒子分類是 ISO 4.8 為微塵粒子≥ 5.0 μm 的限制所規定。對於 B 級(靜止)空氣微塵粒子分類是 ISO 5，對於所考量的粒子尺寸兩者。對於 C 級(靜止與運轉中)的空氣微塵粒子分類分別是 ISO 7 和 ISO 8。對於 D 級(靜止)的空氣微塵粒子分類是 ISO 8。對於分類用途 ISO 14644-1 方法定義了樣本位置的最小數量，和基於最大考慮粒子大小之等級的樣本大小，以及資料蒐集的評估方法。

帶有短樣本管的可攜式粒子計數器應使用於分類用途，因為在遠端取樣系統以長取樣管有相對較高比率粒子的沈澱≥ 5.0 μm。等動力取樣頭應該用於單向氣流系統。」

附錄 1 可用來查詢於在無塵室中如何對「運轉中」所進行測量。

表 3.5　無塵室各種操作所需條件之例子

等級	針對產品終端消毒之操作實例
A	產品的充填，當處於有異常風險時。
C	溶液的調配，當處於有異常風險時。產品的充填。
D	針對後來的充填去調配溶液與成分。
等級	**針對產品無菌調配之操作實例**
A	無菌的調配與充填。
C	調配待過濾之溶液。
D	洗滌後成分的處理。

表 3.5 爲各潔淨度等級下的無塵室實施運作例子。

微生物監測在生產期間亦必須加以進行，以顯示無塵室內的微生物潔淨度。而表 3.6 中提供了一般建議之限制。

表 **3.6**　*微生物污染之建議值*

等級	空氣取樣 cfu/m^3	停留板取樣 (直徑 90 mm)，cfu/4 小時(b)	接觸板取樣 (直徑 55 mm)，cfu/取樣	手套印痕取樣 (5 隻手指) cfu/手套
A	< 1	< 1	< 1	< 1
B	101	5	5	5
C	100	50	25	-
D	200	100	50	-

注意：(a)這些是平均值。(b)個別停留板不可暴露超過四小時。

其中隔離器是增加對於污染的額外保護，對於無塵室所需的空氣等級，而它的設置「取決於隔離器的設計及其應用」。「對於無菌加工最少需要 D 級。」

『使用在無菌生產製藥業的「吹-填-封」(blow/fill/seal)工作檯設備時，其應加裝一高效率等級 A 的空氣浴塵(air shower)設備，而且應安裝在至少 C 等級之環境中，並須穿著等級 A 或 B 之服裝。而此環境應在「at rest」操作狀態下須遵守有運轉及無運轉時之限制，而在「operational」操作狀態下，則僅須遵守有運轉時之限制即可。而用在藥品生產之終端殺菌的設備應該安裝於 D 等級以上之環境。』

3.5.2　食品暨藥物管理局工業規範─無菌製程之無菌藥品製造準則─現行優良產品法規(2004)

此文件是在 2004 年由美國食品暨藥物管理局(FDA)所制訂的。關於如何獲得此法規的資訊將在第四章提及。任何製藥公司所生產用於美國的無菌藥品，需經過 FDA 的管理檢驗員的檢查與核准並且遵守 FDA 規範。

FDA 規範之中包含類似與歐盟 GGMP 附錄 1 所給出的表格，是對於潔淨空氣分類的要求。然而，FDA 與歐盟 GGMP 不同處在於，製程區域僅需對所要求的等級確保**運轉中**條件，對「靜止」條件則否。他們對於粒子 ≥ 5 μm 的數量也沒有要求。而表 3.7 中提供了一般要求限制。

表 3.7　潔淨空氣分類 [a]

潔淨區分類 (0.5 μm 粒子 /ft³)	ISO 標號 [b]	≥ 0.5 μm 粒子/m³	微生物空氣活躍等級 [c] (cfu/m³)	微生物沈澱板活躍等級 [c,d] (diam. 90mm; cfu/4 hours)
100	5	3,520	1 [e]	1 [e]
1000	6	35,200	7	3
10,000	7	352,000	10	5
100,000	8	3,520,000	100	50

注意：

a　所有等級是經過一段時間的活動，基於在暴露的材料或物品附近所量測到的數據。

b　ISO 14644-1 稱號提供了對於多重的工業中，無塵室的單一微塵粒子濃度值。ISO 5 微塵粒子濃度等同於 Class 100 且近似於歐盟的 A 級。

c　此值代表著環境品質的建議等級。讀者可能發現因為分析的行動或方法之性質，它適當地建立替代微生物行動等級。

d　額外使用沈澱板是選擇性的。

e　從 Class 100 (ISO 5)環境的取樣通常應該沒有產生微生物污染。

FDA 規範文件指明兩個清潔區的重要性：「關鍵區域」與「支援清潔區域」皆與其相關。

其中之關鍵區域在 FDA 文件內的敘述如下：

「關鍵區域是經殺菌藥劑、容器及密閉空間等所直接暴露的環境條件，設計必須維持產品的無菌性。而其中亦包含了在此區域進行之材料或產品的前置殺菌處理(例如無菌連接、額外的無菌原料)以及後續的填充與密閉操作等等。」

在關鍵區域，空氣取樣自距離工作點(包括氣流)不超過 1 英尺以上的代表位置，並且在填充和封裝作業時，不超過中必須計算大於等於 0.5 μm 每立方公尺 3520 之微塵粒子數量。

支援清潔區域於規範的序數如下：

「多數支援區域的功能是非無菌元件、配方製品、處理中原料、設備以及備妥、保留、移轉的容器或服裝的區域。」

FDA 建議製造過程中，緊鄰著無菌處理線的支援潔淨區域最少是 Class 10,000 (ISO 7)的標準。他們也提到「製造商也可將這區域分類為 Class 1,000 (ISO 6)或是維護整個無菌填充室在 Class 100 (ISO 5)。歸類在 Class 100,000 (ISO 8)的空氣潔淨等級的區域適合於低關鍵區域(例如，設備清潔)。」

在附錄 1 有些關於隔離器的資訊。建議的潔淨空氣需求是「隔離器內部需達到 Class 100 (ISO 5)標準」並且「隔離器周圍的環境分類必須基於它的介面設計(例如，傳送埠)，

以及送入和送出隔離器的數量」，但他們提到「通常所用的是 Class 100,000 (ISO 8)的環境」。

附錄 2 給出有關於吹-填技術的資訊。FDA 規範提到「BFS 設備周圍的環境等級必須符合 Class 100,000 (ISO 8)或是更高。」「在關鍵區域的空氣」，即「無菌產品或材料所暴露的(例如，型坯形成、容器成型或填充步驟)」「運作過程中，必須達到 Class 100 (ISO 5)微生物標準」，並且「設計良好的 BFS 系統必須達到 Class 100 (ISO 5)微塵粒子標準」。

FDA 規範給出許多關於各種無塵室測試要求的資訊。在本書適當部分將會探討到。

3.6 以空氣化學污染物的無塵室之分類

對於空氣化學污染的國際分類規則在 2006 年以 ISO 14644-8:2006 發表。這個標準稱爲「無塵室與相關之控管環境–第 8 部份：空氣分子污染的分類」這個所使用的分類方法是基於稱之爲「ISO-AMC 敘述格式」並且以下列方式給出：

$$\text{ISO-AMC Class N(X)}$$

其中 N 是 ISO-AMC 分類，是類別中所量測到含量(c_x)的指數指標，或以 g/m^3 量測到的個別物質(已知爲 X)。下標將落在 0 至–12 的限制範圍。

因此，

$$N = \log_{10}[c_x]$$

在 ISO 14644-8 之中所考量到的空氣化學污染的類型落於下列廣泛分類群組：

- 酸 acid (ac)
- 鹽基 base (ba)
- 生物毒素 biotoxic (bt)
- 可冷凝物 condensable (cd)
- 腐蝕劑 corrosive (cr)

- 摻雜物 dopant (dp)
- 總有機 total organic (or)
- 氧化劑 oxidant (ox)
- 任何其他類或物質的個別類

在無塵室中被量測到和偵測到的分類，給定物質的含量或物質的群組。例如，發現無塵室的空氣中的總有機(or)含量是 $10^{-4}g/m^3$，對於有機物的無塵室分類會是「ISO-AMC Class-4 (or)」。若可冷凝物的含量是 $10^{-7}g/m^3$，分類將會是「ISO-AMC Class-7 (cd)」。

3.7　以表面污染的無塵室分類

在撰寫本書的同時，ISO 標準已經發展出根據化學和根據粒子的表面潔淨度分類。這兩個標準分為：

ISO 146449　　無塵室與相關之控管環境-第 9 部：表面粒子潔淨度的分類。

ISO 1464440　無塵室與相關之控管環境-第 10 部：表面化學潔淨度的分類。

誌謝

表 3.2、圖 3.2 及摘錄 ISO 14644-1 皆經英國標準協會(British Standards Institution)同意後再製使用。

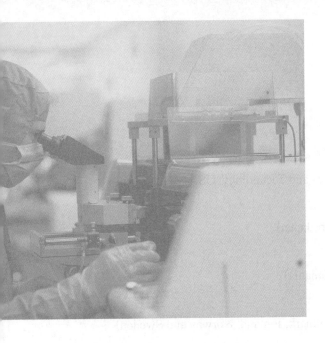

4 Information Sources

資訊來源

　　能夠獲得最新的無塵室資訊是非常重要的，其可透過最新的標準法規、書籍、建議常規、期刊以及其它文件而獲得，當然也可透過無塵室社群及網際網路。本章節提供我們這樣的資訊來源。詳細的來源當本書在出版的同時，聯絡資訊也有所變動。因此建議讀者經常確認所使用的資訊是否為最新的。

4.1 國際污染控制協會(ICCCS)

　　國際污染控制協會(International Confederation of Contamination Control Societies, ICCCS)是從事與無塵室技術相關的聯合公會。目前的會員如下：

1. **ASCCA**：義大利污染控制協會

   (Associazione per lo Studio ed il Controllo della Contaminazione Ambientale, Italy)

2. **ASENMCO**：俄羅斯微污染控制工程師協會

   (Association of Engineers for Microcontamination Control, Russia)

3. **ASPEC**：法國污染控制協會

   (Association pour la prevention et l'Etude de la Contamination, France)

4. **BCW**：比利時無塵室職業協會

   (Belgian Cleanroom Workclub, Belgium)

5. **CCCS**：中國污染控制協會

   (Chinese Contamination Control Society, China)

6. **ICS**：伊朗無塵室協會

   (Irish Cleanroom Society, Ireland)

7. **IEST**：美國環境科學與技術學會

   (Institute of Environmental Sciences and Technology, USA)

8. **JACA**：日本空氣清淨協會

   (Japanese Air Cleaning Association, Japan)

9. **RACC**：羅馬尼亞無塵室協會

   (Romanian Cleanroom Society, Romania)

10. **R^3 Nordic**：北歐三國

    (Renhetsteknik och Rena Rum, Denmark, Finland, Norway and Sweden)

11. **KACA**：韓國空氣清淨協會

    (Korean Air Cleaning Association, South Korea)

12. **SBCC**：巴西污染控制協會

    (Sociedade Brasileira de Controle de Contaminacao, Brazil)

13. **SRRT**：瑞士污染控制學會

    (Schweizerische Gesellscheaft fur Reinraumtechnik, Switzerland)

14. **S2C2**：英格蘭污染控制學會

    (Scottish Society for Contamination Control, Scotland；)

15. **VCCN**：紐西蘭污染控制學會

    (Vereniging Contamination Control Nederland, the Netherlands.)

16. **VDICCT**：德國無塵室技術 VDI 委員會

    (VDI Commission for Cleanroom Technology, Germany)

任何有興趣從事無塵室之設計、測試及運作方面工作的人員或團體，均建議加入他們當地的協會以獲取無塵室相關的最新知識。ICCCS 的秘書處聯絡資訊，以及現有成員清單與他們的詳細聯絡資訊，在 ICCCS 的網頁上有記載：www.icccs.net。

4.2 國際無塵室教育委員會(ICEB)

　　許多在無塵室工作的人們被要求具有無塵室相關專業的知識與技能，而且需要透過相對應的教育機構來進行認證。為此，ICCCS 成立一個國際無塵室教育委員會(International Cleanroom Education Board, ICEB)，來推動準備和審定國際認可的教育課程，針對於無塵室的設計和建構、驗證和監控、操作以及工作之作業員。這些課程是由協會成員提供且依照「ICEB 的評審準則」進行審定，來確保課程的高標準。更多的資訊可以透過 ICCCS 的網頁取得：www.icccs.net，其中持續更新 ICEB 認可課程的清單。

4.3 國際無塵室之標準

4.3.1 ISO 標準

　　國際標準組織(International Cleanroom Standards, ISO)製作了一系列無塵室的標準。ISO 技術委員會(TC)負責撰寫這些標準的是 TC 209，這是個由 ISO 的國際標準機構成員中成為代表的委員會。由國際標準機構任命專家，透過 TC 所指派的工作小組來撰寫這些標準，並且向它回報。已發表的無塵室標準，或由 TC 所正在發展的，可以在此找到並且購買 www.iso.org/iso/iso_catalogue.htm。在本書出版的同時，下列於兩個不同系列標準 ISO 14644 和 ISO 14698，已經被發表或是還正在發展。

■ 4.3.1.1 ISO 14644

　　此標準之標題為「無塵室與相關之控制環境」(Cleanrooms and Associated Controlled Environments)，係由以下幾部份(Parts)所組成：

第一部份：空氣潔淨度的分類(Classification of cleanliness)
　　　　　　提供不同等級無塵室的空氣微粒數限制。其亦提供量測的方法以協助人員決定無塵室之等級。

第二部份：對於持續遵守 ISO 14644-1 的驗證用測試與監控的規範
　　　　　　此將提供包括測試之間隔時間，以測試驗證無塵室能否持續地滿足 ISO 14644-1 標準。

第三部份：測試方法

　　　　　此將提供對無塵室測試方法之描述，以確認無塵室是否可正確地運作。

第四部份：設計、建造及開工

　　　　　此將提供關於無塵室應如何設計、建造以及交付使用者之一般性準則。

第五部份：運作

　　　　　此將提供關於如何運轉無塵室之建議。

第六部份：詞彙

　　　　　這是列於 ISO 無塵室標準的個別部份所有已定義的術語之編撰。

第七部份：分離的附件(清淨空氣罩、手套箱、隔離區、微環境)

　　　　　此將提供有關如隔離區及微環境等之清淨空氣設備相關資訊。

第八部份：空氣分子污染的分類

　　　　　這給出對於特殊化學物質的空氣中含量分類模式(以個別、群體或種類)，並且給定測試方法。

第九部份：表面粒子潔淨度的分類

　　　　　這裡給出分類模式與其他表面粒子污染的資訊。

第十部份：表面化學潔淨度的分類

　　　　　這裡給出分類模式與其他表面化學污染的資訊。

■ 4.3.1.2　ISO 14698

　　「無塵室與相關之控制下環境-微生物污染控制」(Cleanrooms and Associated Controlled Environments-Biocontamination Control)之大主題下包含兩部份：

第一部份：一般原理與方法(General principles and methods)

　　　　　此將提供如何建立風險管理方法，及如何在無塵室中量測微生物之相關資訊。

第二部份：評估及闡述細菌污染之資料(Evaluation and interpretation of biocontamination data)

　　　　　此將提供如何處理在無塵室中所量得之微生物結果與相關資訊。

ISO 14644 和 ISO 14698 標準探討的存在於遍及世界的各種國家標準組織。某些被翻譯為當地語言。關於全球 ISO 各個成員的各進一步資訊與在當地可購買到的標準，請參考：www.iso.org/iso/iso_members。

在英國，這些標準已經被英國標準採用，並且在這裡可以得到它們的相關資訊：

BSI British Standards, Customer Services

389 Chiswick High Road

London

W4 4AL

United Kingdom.

Tel: +44 (0)20 8996 9001

Email: cservices@bsigroup.com

Web site: www.bsigroup.com

而在美國，獲得這些標準之方法可透過環境科學與技術學會(Institute of Environmental Sciences and Technology, IEST)，詳細通訊方式如下：

環境科學與技術學會

Arlington Place One

2340 Arlington Heights Road,

Suite 100

Arlington Heights, IL 60005-4516

USA

Phone: +1 847 981-0100

Email: iest@iest.org

Web site: www.iest.org

4.3.2 製藥標準

有兩個現有較爲普遍的標準用於製藥無塵室，來自於歐盟和美國食品暨藥物管理局 (FDA)。

■ 4.3.3.1 歐盟優良產品製造法規(EU GGMP)

在歐盟的製藥製程受到由歐洲委員會所公布的文件與歐盟醫藥產品管理法規的管理。這些文件可以在下列網址免費下載：

http://ec.europa.eu/enterprise/pharmaceuticals/eudralex

相關文件是《第 4 冊：人類及家畜用之醫藥產品優良產品製造法規》與該冊的附錄 1 與無塵室技術最相關的文件。附錄 1 已經有免費的 PDF 版本並且可從相同的網際網路位址下載。

■ 4.3.3.2 食品暨藥物管理局工業規範-無菌製程之無菌藥品製造準則-現行優良產品法規

這份 FDA 規範可以從下列 FDA 的藥品評價與研究中心的網頁上免費下載：

http://www.fda.gov/downloads/Drugs/GuidanceComplianceRegulatoryInformation/Guidances
/ucm070342.pdf

4.4 無塵室相關書籍

下列爲以字母順序排列之英文無塵室相關書籍，涵蓋主題類似本書。這些是筆者所知到已經出版或近期出版的書籍，應該已經在網際網路、書局或透過圖書館可以取得。筆者更樂意接到更多書籍名稱以使此表更爲完備。

1. *Cleanroom Clothing Systems: People as a Contamination Source* by B. Ljungqvist and B. Reinmuller (2004). PDA - DHI Publishing, IL, USA.

2. *Cleanroom Design (Second Edition)* edited by W. Whyte (1999). Wiley, Chichester, UK.

3. *Clean Room Design, Minimizing Contamination through Proper Design* by B. Ljungvist, and B. Reinmuller (1997). Interpharm Press, USA.

4. *Cleanrooms-Facilities and Practices* by M. N. Kozicki with S. A. Hoenig, and P. A. Robinson (1991). Van Nostrand Reinhold, New York, USA.

5. *Contamination Control and Cleanrooms* by A. Lieberman (1992). Van Nostrand Reinhold, New York, USA.

6. *Environmental Monitoring for Cleanrooms and Controlled Environments* edited by Anne Marie Dixon (2006). CRC Press.

7. *Handbook of Contamination Control in Microelectronics* edited by D. L. Toliver (1988). Noyes Publications, Park Ridge, NJ, USA.

8. *Isolator Technology* by C. M. Wagner, and J.E. Alters (1995). Interpharm Press, Buffalo Grove, IL 60089, USA.

9. *Isolator Technology - a Practical Guide* by T. Coles (1998). Interpharm Press, Buffalo Grove, IL 60089, USA.

10. *Introduction to Contamination Control and Cleanroom Technology* by M. Ramstorp (2000). Wiley-VCH.

11. *Microbial Contamination Control in Pharmaceutical Cleanrooms* by N Halls (2004). CRC Press.

12. *Pharmaceutical Isolators* edited by B Midcalf, W. M. Phillips, J. S. Neiger and T. Coles (2004). Pharmaceutical Press, London.

13. *Practical Cleanroom Design* by R.K. Schneider (1995). Business News Publishing Company, Troy, MI, USA.

14. *Practical Safety Ventilation in Pharmaceutical and Biotech Cleanrooms* by B. Ljungqvist and B. Reinmüller (2006). PDA DHI Publishing, IL, USA.

4.5 IEST 之建議準則與規定

美國之環境科學與技術協會(IEST)製作了一系列之建議準則(Recommended Practices, RPs)與規定來涵蓋許多不同主題。其是極為寶貴的資料來源，且可由下列聯絡方式獲得：

> 環境科學與技術學會
>
> Arlington Place One
>
> 2340 Arlington Heights Road,
>
> Suite 100
>
> Arlington Heights, IL 60005-4516
>
> USA
>
> Phone: +1 847 981-0100
>
> Email: iest@iest.org
>
> Web site: www.iest.org

4.5.1 IEST 之建議準則

下列建議準則是源自於 IEST。應當注意的是有些建議準則已經更新過數次，並且應該已經得到最新的版本。同樣地，建議準則是不斷地撰寫，最新資訊應該也包含在 IEST 網頁上。

IEST-RP-CC001：HEPA 與 ULPA 過濾網

此部份提供基本的 HEPA 與 ULPA 過濾網之規範。建議準則提供了 11 個類型的過濾網的效能資訊，定義 6 個結構等級，並且包含了過濾網選擇指引。

IEST-RP-CC002：單向流清淨空氣裝置

包含定義、評估性能之程序及層流清淨裝置之主要需求條件。

IEST-RP-CC003：在無塵室和其他之控管環境的服裝系統考量

提供使用在無塵室服裝之規格、測試、選擇及維護之準則。

IEST-RP-CC004：無塵室用擦拭材料之評估與其它控制環境

描述無塵室中使用擦拭材料與清淨度相關特性及功能之測試方法。

IEST-RP-CC005：無塵室與其他之控管環境的手套與指套之使用
　　描述用在無塵室的手套與指套的測試。

IEST-RP-CC006：無塵室之測試(Testing cleanrooms)
　　描述測定無塵室效能之測試法。

IEST-RP-CC007：ULPA 濾網之測試(Testing ULPA filters)
　　描述 ULPA 製造時量測微塵粒子穿透及壓降測試程序。

IEST-RP-CC008：高效率氣相吸收器
　　包含當高效率氣相污染移除是必須時，所使用之模組化氣相吸收器之設計與測試。

IEST-RD-CC011：污染控制相關之專有名詞及定義
　　給出使用在建議準則的項目與定義。

IEST-RP-CC012：無塵室設計之考量(Considerations in cleanroom design)
　　提供在設計無塵室設施時，相關應考慮因素之建議。

IEST-RP-CC013：用於測試無塵室與其他監控環境的校正程序與選用設備指南
　　包含用於無塵室測試之儀器其校正及驗證程序，以及測定校準間隔之程序。

IEST-RP-CC014：光學空氣粒子計數器的校正和特徵化
　　涵蓋校正的程序和特徵化光學粒子計數器(OPCs)的效能。

IEST-RP-CC016：無塵室非揮發性殘留物質之沉積速率
　　提供決定無塵室中非揮發性殘留物質(NVR)於表面上沉積速率之方法。

IEST-RP-CC018：無塵室之一般操作與監測程序
　　提供維護無塵室的正確潔淨等級與建立清潔程序指南，並測試清潔的頻率與效果。

IERP-CC019：從事於測試與驗證無塵室與空氣清淨裝置之資格的組織
　　定義測試與證明無塵室、空氣清淨裝置、HEPA-和 ULPA-過濾系統和相關元件之資格標準的組織。也建立技能的專業種類和層級，以用於測試無塵室的合格人員。

IEST-RP-CC020：無塵室文件之基礎與格式
　　提供準則來建立無塵室中使用文件的基礎與格式之適當性。

IEST-RP-CC021：HEPA 與 ULPA 過濾網濾材之測試(Testing HEPA and ULPA filter media)
　　探討對於 HEPA 和 ULPA 過濾網濾材的實體和過濾特性的測試方法。

IEST-RP-CC022：無塵室靜電效應及其它控制環境
討論說明並評估控制靜電放電技術有效性之方法。

IEST-RP-CC023：無塵室之微生物(Microorganisms in cleanrooms)
提供可見的空氣及表面污染之控制及量化量測之準則。

IEST-RP-CC024：微電子廠振動之量測與報告
探討使用於積體電路與其他對於震動和聲音敏感產業的製造、測量和檢驗之設備。

IEST-RP-CC026：無塵室之運轉(Cleanroom operations)
提供在各種運轉期間維持無塵室完整性之準則，包括例行維護、調整和設備更換期間等。也提供了對於準備的標準作業程序、驗證無塵室設備和表面之潔淨度的測試程序要點的基礎。

IEST-RP-CC027：無塵室工作人員之準則及程序與控制環境
提供建立無塵室工作人員作業程序及發展相關訓練課程之基礎。

IEST-RP-CC028：微環境
提供描述微電子及其相似應用的微環境之架構。

IEST-RP-CC029：自動噴霧之應用(Automotive paint spray applications)
提供在自動噴霧操作時控制灰塵之建議程序。

IEST-RP-CC031：從無塵室材料和元件釋放的有機化合物的表徵方法
描述無塵室和其他控管環境中，由材料或元件的有機化合物釋放氣體之表徵方法。

IEST-RP-CC032：用於無塵室與其他控管環境的軟性包裝材料
現有系統化選擇方法，來達到對於產品所需的保護環境。涵蓋了可接受材料、密封、材料性質、包裝產品的環境相容性以及相關主體。

IEST-RP-CC034：HEPA 與 ULPA 過濾網之洩漏測試(HEPA and ULPA filter leak tests)
包含定義、設備，及過濾網在製造工廠或無塵室中進行洩漏測試之程序。

4.5.2 IEST 準則

下列準則(Guide)可用來與 ISO 14644-1 及 ISO 14644-2 作結合應用：

IEST-G-CC1001：微塵粒子計數等級與無塵室及清淨區之監測
提供以微粒子計數器來決定污染物濃度時，於清淨空間取樣方法相關之資訊。

IEST-G-CC1002：超微細粒子濃度之決定
補充 ISO 14644-1 標準所涵蓋對於超微細粒子濃度決定之程序。

IEST-G-CC1003：較大微塵粒子之量測(Measurement of airborne macroparticles)。
包含在無塵室中較大微粒子之取樣。

IEST-G-CC1004：無塵室及清淨區微粒子清淨度等級分類所使用之順序取樣計劃
此準則擴充 ISO 14644-1 中對於順序取樣之涵蓋範圍。

4.6 無塵室期刊與雜誌

Controlled Environments
此雜誌出版商為：

> Vicon Publishing, Inc.
>
> 4 Limbo Lane Amherst, NH 03031
>
> USA.
>
> Tel: +1-603-672-9997
>
> Web site: www.cemag.us

CleanRooms
此雜誌出版商為：

> CleanRooms
>
> PennWell
>
> 1421 S Sheridan Road
>
> Tulsa, OK 74112
>
> USA.
>
> Web site: http://cr.pennnet.com

Cleanroom Technology

此雜誌出版商為：

HPCi Media Ltd

Paulton House

8 Shepherdess Walk

London N1 7LB

UK

Tel: +44 (0) 20 7549 2566

Web site: www.cleanroom-technology.co.uk

Journal of the Institute of Environmental Sciences and Technology

這是透過電子郵件發送給 IEST 的會員。其包含較無塵室更為廣泛的領域，但至少每期都會有一篇與無塵室相關之文章。詳細資料如下：

環境科學與技術學會(Institute of Environmental Sciences and Technology, IEST)

Arlington Place One

2340 Arlington Heights Road, Suite 100

Arlington Heights, IL 60005-4516

USA

Email: iest@iest.org

Web site: www.iest.org

European Journal of Parenteral and Pharmaceutical Sciences

這是 European Sterile Products Confederation (ESPC)的季刊。其也經常有關於藥物製造時污染控制之文章，並可由下取得：

European Journal of Parenteral and Pharmaceutical Sciences

Euromed Communications Ltd

The Old Surgery

Liphook Road

Haslemere

Surrey GU27 1NL

United Kingdom

Tel: +44 (0) 1428 656665

Email: info@euromed.uk.com

Web site: www.euromed.uk.com

PDA Journal of Pharmaceutical Science and Technology

此為美國非口服藥物協會(Parenteral Drug Association, PDA)所出版之期刊。其也經常有關於藥物製造時污染控制之文章的發表。詳細資料如下：

Parenteral Drug Association

Bethesda Towers

4350 East West: Highway, Suite 150

Bethesda, MD 20814, USA

Tel: +1 (301) 656-5900

Web site: www.pda.org

4.7　製藥用無塵室之文件來源

製藥和醫療保健科學學會(Pharmaceutical and Healthcare Sciences Society)

英國非口服藥物協會所提供相關之書籍、專題研究及影片錄影帶等。下列 PHSS 技術專著有關於無塵室：

PS Technical Monograph No.2 (revised 2002): Environmental Contamination Control Practice

PS Technical Monograph No.14 (2005): Risk Management of Contamination (RMC) During Manufacturing Operations in Cleanrooms

PS Technical Monograph No.16 (2008): Best Practice for Particle Monitoring in Pharmaceutical Facilities

可由下列地址到 PHSS：

Pharmaceutical and Healthcare Science Society

6a Kingsdown Orchard

Hyde Road

Swindon Wiltshire, SN2 7RR

United Kingdom

Tel: +44 (0)1793 824254

Email: info@phss.co.uk

Web site: www.phss.co.uk

非口服藥物協會

美國非口服藥物協會所提供相關之書籍、專題研究及影片錄影帶等。可依下列地址到達 PDA：

Parenteral Drug Association

Bethesda Towers

4350 East West Highway, Suite 150

Bethesda, MD 20814,

USA

Tel: +1 (301) 656-5900

Web site: www.pda.org

4.8 訓練影片及 DVD

污染物控制的訓練影片及 DVD 已經有多種語言版本列於下述的廠商：

Micron Video International

3 Links House

Dundas Lane

Portsmouth, Hants,

PO3 5BL

United Kingdom

Web site: www.mvitraining.com

Non-unidirectional Air flow
and Ancillary Cleanrooms

非單向氣流與
輔助無塵室

　　有兩種基本上不同的無塵室設計，命名單向氣流和非單向氣流。本章主要探討非單向氣流類型的無塵室，即使有些設計特徵和這些單向氣流無塵室相同且將會討論到。

　　輔助無塵室的設計，是在主要無塵室外面的無塵室，並且通常以非單向氣流無塵室來設計，同樣地也會在本章討論到。所討論到的輔助無塵室，是無塵室變換的區域，其中人們更換在外的服裝並且穿上無塵衣，並且在無塵室中所需要的東西透過材料傳送區域來送入與傳出。

5.1 非單向氣流無塵室

　　非單向氣流無塵室的通風原則與大部份一般的空調區間(如辦公室和商店)類似，空氣由空調設備透過天花板的出封口到各個隔間。圖 5.1 表示簡易的非單向氣流無塵室的格局。

　　在非單向氣流無塵室，供應空氣以隨機地方式移動送至室內、混和污染、稀釋它並且透過低層空氣帶離牆壁。非單向氣流無塵室的通風方式，在基本上和單向氣流無塵室不同，是在於透過濾網進入天花板或牆壁的空氣，氣流以單向的方式通過房間。單向氣流無塵室在下一個章節中敘述。

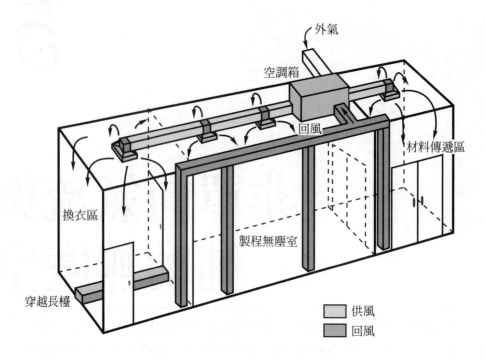

外氣

空調箱

回風

材料傳遞區

換衣區

製程無塵室

穿越長檯

供風
回風

圖 5.1 一個簡易非單向氣流無塵室

無塵室與一般有空調房間有數個不同的地方。主要差異如下所示：

- 具較大之送風量；

- 高效率過濾網用來去除非常微小的粒子，並且通常放置於風口之前以讓空氣通過進入無塵室；

- 在無塵室的空氣流動是設計來輔助去除必須特別潔淨區域(即關鍵區域)的污染；

- 無塵室是相對於鄰近區域經過加壓，以避免可能受到污染的空氣從無塵室外部經由門、窗戶、間隙和裂縫；

- 建材和裝修的選用將脫落散播的粒子降低到最小，並且經常性清潔更容易。

5.1.1 空調設備與配氣系統

一般的空調房間，像是辦公室或賣場，會以充分的空氣來達到舒適條件，意即為了達到正確的溫度與濕度，換氣次數在單位區域中會達到 2 至 10 次每小時。然而，典型的亂流式無塵室很可能有高至每小時 10 和 100 個換氣次數。高容量的空氣稀釋在房間中散播的污染，並且降低到 ISO 14644-1 規定等級的粒子含量以下。

圖 5.2 無塵室空調設備

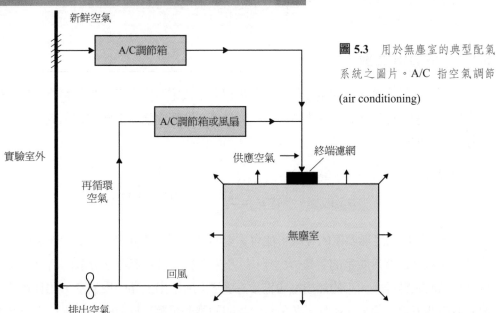

圖 5.3 用於無塵室的典型配氣系統之圖片。A/C 指空氣調節 (air conditioning)

圖 5.2 是一張表示典型供應無塵室空氣的空調設備之圖片。包含了加熱和冷卻的電池、加濕器、風扇和過濾網。

圖 5.3 給出用於無塵室的典型配氣系統聯合空氣調節箱的格局。多數從無塵室的空氣透過空氣調節箱再循環，但有些被排出外部。若無塵室產生大量的熱，循環的空氣將會通過空氣調節箱來調整溫度和濕度，以調節的新鮮空氣混和，並且透過高效率過濾網進入無塵室內。若無塵室沒有產生大量的熱，則循環空氣不需要這麼多地降溫，可以藉

由調整新鮮空氣達到充分的空氣調節，並且由僅靠風扇循環無塵室的空氣。另一個替代設計通常使用在中小尺寸的無塵室，在無塵室中循環的空氣與新鮮空氣混和，不經過空氣調節箱。混和的空氣則在進入無塵室之前通過空氣調節箱。

　　提供新鮮、外部的空氣至無塵室，對於工作在裡面的人們的健康是必須的，新鮮空氣也需要來提供正壓來防止鄰近低潔淨區域的污染物。沒有外加的新鮮空氣，所提供的等量空氣將會被排出，因此就沒有供應多餘的空氣來對無塵室施加正壓。通常所有供應的空氣中有 2%至 20%是新鮮空氣，對於氣密式空間需要較小的比率。同樣地，因為較大的空間得到的空氣比較小房間來得更多，但並沒有成比例的門縫之類。大致上來說需要較少比率的新鮮空氣。若抽取多餘空氣或機器、製程周遭的有毒污染物的空氣，而將需要增加直接從外部注入的新鮮空氣之供應來補償。過量的空氣供應至無塵室也是由風扇排出室外，或在工廠或實驗室允許一些排出無塵室外的方法，像是透過洩壓摺板、門縫、窗戶等等諸如此類的。

5.1.2　空氣供應量

　　對非單向氣流無塵室的空氣供應，多少程度上決定了空氣污染物的稀釋，每小時換氣率是很普遍的描述方式。每小時越多的換氣率，非單向氣流無塵室則越乾淨。換氣率的計算方式如下：

方程式 5.1

$$空氣改變 / 小時 = \frac{空氣體積流率(\text{m}^3 / \text{hour})}{室內容積(\text{m}^3)}$$

　　表 5.1 給出的是無塵室的等級可能會需要的換氣率。如同等式 5.1 所表示的，每小時換氣次數是依據無塵室的容量(大小)，以及來自於人員和機器之分散的污染量；為了得到相同的微粒等級，小的無塵室會需要在表 5.1 所給出上端的換氣率，並且較大的無塵室會需要下端的部分。並且，在未來將說明的幾個段落，具有較多來自於人員及機器之分散的污染量，無塵室將需要更高的換氣率，反之亦然。

表 5.1　對於無塵室的換氣供應率

無塵室等級	每小時換氣供應率
ISO 8	2-10
ISO 7	10-100
ISO 6	>100
≤ ISO 5	使用單向流

　　表 5.1 所給出的換氣率是根據無塵室設計經驗的「最佳推測」。爲無塵室選擇正確的換氣率是一件困難的任務，並且確定在使用過程中空氣含量不會超過，設計工程師會需要提供比起無塵室所需更多的空氣。這結果對無塵室來說會是比起所需的潔淨度還超過，並且建造與使用更爲昂貴。然而，若來自於人員或運轉的機器的污染擴散率高於原先可接受度，可能會超過規定的空氣等級，並且修正此一問題在無塵室建立後更加困難。爲了有助於空氣供應量的選擇，後述的部分必須考量到。

　　即使每小時換氣率普遍用於無塵室設計，在非單向氣流無塵室的空氣潔淨度是以空氣供應率(m³/s、m³/hour 或 ft³/min)，與室內產生的污染，意即來自於製程機器與人員。無塵室的空氣條件由下列方程式來決定。

方程式 5.2

$$氣流污染物濃度 / m^3 = \frac{微粒子(或微菌)產生個數 / s}{送風空氣量(m^3 / s)}$$

*包括室內任何來自於空氣清淨裝置所提供的

　　這個方程式僅可以使用在非單向氣流系統，因爲這需要室內空氣充分混和，如同在非單向氣流無塵室中(不是單向氣流)。這也假設空氣供應並不會貢獻空氣污染於室內，且因此高效率過濾網在此目的充分地有用，以及以徹底檢查是否漏洩。

　　從上面的資訊可推演出非單向氣流無塵室是髒的，若(a)提供較少的空氣、(b)更多人員在室內、(c)使用的無塵衣在防止來自於人員的污染物擴散上效果不佳，並且(d)有更多來自製程機器和製程產生更多的污染。另一個因素是，若在無塵室中有空氣清淨裝置從無塵室抽取空氣，並且過濾空氣排出，這可以使用其他方式和增進無塵室內的空氣品質。因此這些變數都必須列入考慮，當要決定提供非單向無塵室的空氣供應。

　　在「竣工」的作業階段所量測到的空氣含量都是最低，根據定義，製程機器尚未運作且人員也還沒到位(即使測試員總是在)。空氣粒子和空氣中攜帶細菌微粒子遂必定來自測試環境的人員，或從過濾器所洩漏。以正確的過濾功能來說空氣污染含量應該非常地低。相似地，空氣粒子含量在「靜止」作業階段，若沒有機器運轉很可能是低的。然而，在「運轉中」的作業階段，充分配合的人員配置和機器也將運轉。因此，更多的微粒子和微生物將會被散播，且普遍發現空氣污染物的含量將比起「靜止」還高個 10 至 100 倍。「運轉中」的作業狀態是個決定需要空氣供應的條件。因此，在運轉狀態的粒子含量限制必須在短暫的設計工程師給出。這些需求可以藉由參考 ISO 14644-1 來確定。

目前無塵室科技的知識狀態，像是無塵室所需的每小時換氣次數，必須做有根據的推測。然而，若選定已經設計過類似大小與格局、配置有相似數量的人員與製造機器的無塵室，這樣有經驗的設計工程師，這些猜測更有根據。

5.1.3 高效率過濾網

使用在無塵室中的空氣過濾網比使用在辦公室的濾網有更高的過濾效率。無塵室的過濾網一般可提供空間的供風空氣對於 0.3 μm 粒徑以上的微粒子得到 99.97%的效率以上。這些濾網稱之為高效率過濾網(High Efficiency Particle Air filters, HEPA)，而超低穿透空氣過濾網(Ultra Low Penetration Air filer, ULPA)，則可提供更高的過濾效率，其使用在與微機電製造及其相關的領域上。大多數的無塵室皆使用 HEPA 和 ULPA 過濾網，但是在潔淨度要求不高的無塵室中，此類濾網並非一定需要。在 ISO Class 8 無塵室，袋式過濾器有接近 90%用於濾除大於 0.5 μm 微粒，串連兩個過濾器為首選。

在大多數無塵室中，HEPA 或 ULPA 過濾網通常裝設於空氣流入無塵室空間處(如圖 5.1)。在諸如辦公室類型的空調系統，過濾網通常直接裝設在空調箱中，經過濾後的空氣再沿著風管系統送到各空間的空調出風口。然而，微粒子可能在耦接處被誘引進入供風管中，或者自風管表面脫離而進入空間。因此，無塵室中的過濾網裝設在風管系統的最終端位置。而在潔淨等級要求較低的無塵室中，如 ISO Class 8，能進入或者來自於風管中的微粒子僅佔總數的一小部分，而過濾網經常裝設在傳統位置，亦即在中央空調系統空調箱之最末端。另一個使用終端過濾器的原因是提供無塵室大量的空氣。這需要非常大面積的過濾，並且分佈過濾於所有供應風口更為實用，而非聚集於中央。高效率過濾網在第 9 章有更詳細的描述。

5.1.4 在非單向氣流無塵室的空氣移動

擴散型出風口(supply diffusers)及格柵式回風口(extract grilles)的類型和數量，在非單向氣流無塵室中必須被考量到，以確保最潔淨的條件。當供應空氣到無塵室中有可能使用擴散型出風口，也有可能不使用。

擴散型出風口用在許多非單向氣流無塵室，為供應空氣進入室內的點，即是在終端高效率過濾網的正後方。擴散型出風口設計來降低風速且確保良好的空氣混和。在選擇擴散型出風口時應有足夠的數量和夠大的尺寸，以便提供良好的氣流混合和避免過大風速的問題；即使這些要求在很大程度上取決於大小，和空氣過濾器的額定表面風速(通常是 0.45 m/s)。圖 5.4 是個四向式的擴散型出風口，以四個方向擴散空氣。

圖 5.4　四向式天花板擴散型出風口

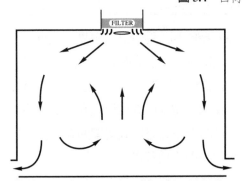

圖 5.5　經由天花板擴散型風口之氣流分佈

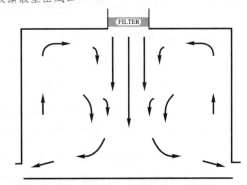

圖 5.6　直接「下吹」系統所產生的氣流分佈

　　圖 5.5 是使用四向式擴散型出風口的期望空氣流動方式，並且這樣的空氣流動確保供應空氣和室內空氣有效的混和。

　　如同圖 5.6 當不是使用擴散型風口，供應空氣是直接從空氣過濾器以「下吹」到無塵室。這個方式在過濾器下會有好的污染控制條件，但其他地方的條件會低於平均。

　　吾人認為擴散型風口應該使用在非單向氣流無塵室。如果在關鍵區域需要更佳條件，則最好確保在無塵室中有良好空氣混合，方法是使用擴散型風口，以及在關鍵區域使用個別的強化潔淨度空氣設備。

　　如果選擇直接「下吹」的方式，則過濾網應該在無塵室空間上方平均分佈，即使可能有時將過濾器群聚在一起的優點，是確保區域為潔淨的。然而，如果使用濾網群組，必須記得在過濾器下方之無塵室其他區域，將幾乎肯定低於標準，無塵室的等級標準將會依據最髒的部份來決定，因此可能會導致無塵室得到較差一級的等級。

一般設計慣例中，在無塵室四周較低的牆周圍，設置空氣格柵式風口作為回風使用是極為普遍的。這被認為是他們最好的選擇，在較高位置從擴散型風口「拋」出乾淨空氣，像是沿著天花板，因此空氣直接到上層格柵式排氣口，並且沒有辦法與室內空氣混和來稀釋污染。雖然這在一定程度上確實發生，必須瞭解的是在於非單向氣流無塵室裡面，空氣並非直線移動且在室內其餘空間都合理地混和，即使有高層排氣裝置。這種情況下沒有使用擴散型風口來供應空氣，空氣將會灌至地板並且有部分會短循環至低層的排氣口。因此，為確保無塵室中空氣的有效混和，普遍以擴散型風口供應空氣且以低層抽風。然而若這難以實現，不使用擴散型風口供應空氣，並且高層排氣裝置或許可給出合理滿意的結果。

5.1.5 空間壓力控制與各區域之氣流

無塵室必須設計成為可確保污染的空氣不會從更髒的鄰近區域進入無塵室空間。因此，氣流應該總是從無塵室區域流向較不清潔的鄰近區域。為了確保氣流流動的方向正確，吾人亦可使用煙、水蒸汽或細長紙帶來輔助觀察氣流，未來將在本書的第 12.2 節討論這些方法。然而，雖然這些方法在無塵室移交給使用單位前的設置階段可令人滿意，但它不可能提供長期的監控。為了監控無塵室，一般的作法是監控較清潔的區域，比起鄰近次級清潔區域有比較高的正壓，因此空氣將會以正確方向移動。

如果無塵室比鄰近的區域有更高的壓力，則氣流將從無塵室往鄰近區域流動。在兩個無塵室間合理的設計壓力差應為 10Pa，而在無塵室和未確認潔淨等級的區間應保持有 15Pa 的壓力差(12 Pa = 0.05 英吋水柱)。當產生這些壓力差有實際的困難時，例如在連接兩區域之處理隧道時，維持 5 Pa 的最小壓力差是可以接受的(根據 ISO 14644-4)。然而若使用這個值，必須著手徹底驗證排出無塵室的氣流。

在無塵室的各區室中，應該建立一定的空氣壓差以確保空氣從較清淨往較不清淨的區域流動。此意謂著最高的壓力正常位於產品製程區。圖 5.7 表示無塵室各區間，其中製程間設定為比外部走廊高出 35 Pa 的氣壓。在產品製程區間和換衣區必須維持 10 Pa 的壓力差，換衣區和氣鎖區應維持 10 Pa 的壓力差，氣鎖區到外部附近走道應維持 15 Pa 之壓力差，因此從產品製程區至外部走道區總共有 35 Pa 的壓力差。

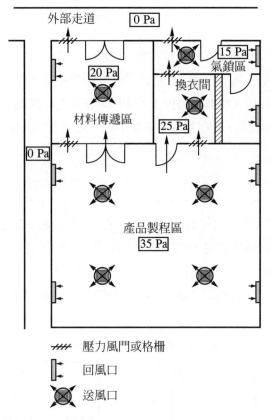

圖 5.7　顯示無塵室各區室壓力氣流流向之示意圖

因為產品製程區域和外部走道之間建立了 35 Pa 的壓力差，經過材料傳遞區的壓力差因而可以求得。材料傳遞區具有比產品製程區低 15 Pa 而且比外部走廊高 20 Pa。此壓力差比一般所需要的來得更大，但是可以被接受。然而，如果吾人使用過大的壓力差，將會導致額外的能源費用增加。此外還會造成其他問題，當吾人打開或關閉門時將會有困難，而且會產生來自門縫的氣流哨聲。

5.1.6　建造材料與表面處理

無塵室的另一個指標是該房間的建材及表面處理。無塵室應該以空氣洩漏到空間外最小的方式來建構，為了達到這個目的，必須使用品質好的建造系統。因此，其內部表面裝修材料應該有充分的強度，當受衝擊或磨損時不致於產生碎屑或粉末類的污染源。表面的處理也必須儘量平滑容易清洗且不易在隙縫中積塵等。此類建築材料和表面處理將在本書第七章中有更進一步的探討。

5.2 輔助無塵室

　　在主要製程產品區無塵室之周圍則緊鄰一些較次要之無塵室。其數量和類型則隨其製程產品種類及製程複雜性而有所不同。在圖 5.1 所表示的簡易無塵室，有一個人員更衣的空間，並且另外有一個將材料送入和取出製程區的空間。在其他的無塵室或許有額外的空間，為了準備製程區所需的材料，而在某些其他場所也可能需要，如額外換衣區、材料傳遞和儲存的區域。

5.2.1 換衣區

　　無塵室換衣區在設計上其進入與出來是有所不同的。在此緩衝換衣區域之房間數量、以及是否由傳遞工作檯分成兩個區或更多的區域都會隨不同的無塵室而有所不同。若須為男女生提供分開的換衣區時，可能使換衣區間的設計更形複雜。有時換衣區之外部區域應提供有門鎖且可供放置戶外衣服和貴重物品的衣物櫃，有時亦可設置在內部。

　　圖 5.8 為一換衣間(可具有一區或兩區)的平面示意圖。在這種類型的換衣空間中，人員進入此空間並脫下額外多餘的衣服而換上無塵衣，隨後直接進入無塵室中，所有的換衣程序皆在此空間中完成。通常吾人可使用傳遞工作檯(pass-over bench)把房間劃分為兩個區域。長凳可以提供座位給人員

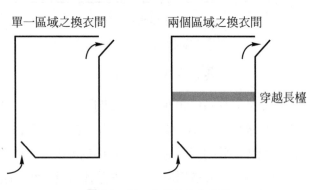

單一區域之換衣間　　　　兩個區域之換衣間

穿越長檯

圖 5.8　單一空間的換衣區域

更換鞋子或穿上鞋套。這也將空間區分為兩個清潔區域，緊鄰外部走廊的區域是用作較髒的功能。在無塵室較為經濟的設計中，單一空間換衣區是較為普遍的。而此種設計也成功地使用在工作人員眾多的高等級無塵室中，如微電子產業。有時，會額外增加氣鎖(airlock)裝備，可使從換衣區間進入產品製程區的污染傳遞減至最低之程度。

　　圖 5.9 表示兩個空間的換衣區域的三種可能設計。這些空間和區域也可以並排設置。當有更多數量的換衣空間需求時，此換衣區是提供確保衣服外部沒有任何污染的一個更安全方法，但是換衣時必須花費較多的時間。

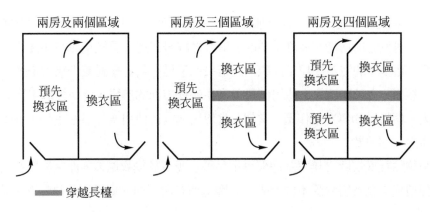

圖 5.9　具有(或不具有)傳遞工作檯之兩房換衣區

　　進出無塵室換衣之程序將在第十九章詳細討論，並將包括關於如何使用這些空間的解釋說明。

　　假如某些無塵衣於再次進入時須再次使用，則無塵衣之存放將必須仔細加以考慮。這些無塵衣應該以遭受污染最小的方式來存放。在更高等級的無塵室中，即使存放衣服掛勾也應在均勻單向的氣流中。一個例子則在圖 5.10 中顯示。

　　其它方法需要提供具有鎖的置物櫃及衣物袋或多格置物箱(放鞋子的也要)等。更進一步的資訊在第 19.3 節。尤其是在每次進入無塵室都要更換無塵衣的換衣區，其出入口處皆應設置一個針對人員進入或離開無塵室的分隔區域。

　　通常，在換衣區域和無塵室之間會設置空氣浴塵室(air shower)。人員進入空氣浴塵室中並且轉身使空氣氣流噴在他們的無塵衣上。

圖 5.10　在垂直單向氣流下存放的無塵衣

而空氣氣流即可將微粒子從衣服上移走，因而減少一些污染在無塵室中擴散。然而，空氣浴塵室的用途是有些許爭議的。筆者曾經研究過人員經空氣浴塵後的微粒子擴散，以及無塵室中的空氣微粒子計數，而結果似乎是空氣浴塵對減少無污染效果有限或沒作用。然而，空氣浴塵室之使用倒是可產生心理方面的影響，進而提醒工作人員他們即將進入一個特別的無塵工作區。當然，當使用或等待使用空氣浴塵室時，可能會對工作時間產生一些浪費。

用來移除鞋底灰塵之無塵室地板專用黏墊也應置於換衣區域。而應放置在何處，或使用何種型式之黏墊將會隨不同等級之無塵室而有所不同。更多的資訊包含在第 18 章和第 19 章。

5.2.2　材料傳遞區

圖 5.1 表示材料傳遞區。其建造為氣鎖，並允許材料在運送傳遞至無塵室時有最小量的污染物。更多關於如何使用的資訊將在第 20 章述及。

材料傳遞用的空氣鎖裝置可用一個傳遞工作檯而將此房間分成兩個區域。然而，若對於可能進入空間的大設備而言是一個障礙的話，將不應該使用此類型之工作檯。而材料傳遞區之空氣鎖將可把從外部走道至產品製程區域的污染傳遞減至最少，而且可提供一個材料在進入製程區前拆卸包裝或清潔材料的良好環境。也因此，此區間之通風亦應該加以考慮。

空氣鎖裝置之門通常設計為互鎖的(interlocked)，以確保不可同時打開兩扇門。如此設計將可使從外部走道進入到製產區域的污染空氣減至最小。空氣鎖裝置也可以配合門外的指示燈顯示是否有人在裡面。

誌謝

圖 5.10 經 Roger Diener 允許後再製使用。

6

Unidirectional Airflow Cleanrooms

單向氣流型無塵室

非單向氣流型無塵室設計的方式已經在前一章節描述，其在製造中可達到低如 ISO Class 6 的潔淨條件，但其實比較可能為 ISO Class 7 或較差。為了在運轉操作期間能獲致等級較 ISO Class 6 更好的無塵室，就需要更有效的移除產生的微粒子。而藉由單向流之空氣來達成的效果最佳。

6.1 單向氣流無塵室的類型

當吾人須要較低的微粒子污染或微生物污染濃度時，便可使用單一方向流 (unidirectional airflow)無塵室。單向氣流型無塵室以前是稱為「層流」式無塵室，這是不正確的。舊式名稱不應該再使用，在科學意義上氣流並非「層流」而應該是「單向」。單向氣流在無塵室中通過整個空氣的空間，不論是水平或垂直的單一方向，並且以通常介於 0.3 和 0.5 m/s 之等速度移動。圖 6.1 是典型垂直單向流無塵室之剖面圖。由圖中可以看出空氣經由構成無塵室天花板之整排高效率過濾網吹出的情形。空氣隨後像活塞般地向下流經室內，因而有效移除房間內的空氣污染。其流過地板離開，並與來自外界的新鮮空氣混合後，再透過高效率過濾網而重新循環回房間。

單向流能立即移除來自人員、機器或製程的空氣污染，而亂流式系統則依賴混合與稀釋。在寬廣且未受阻礙的房間中，單向氣流可比上述有更低的風速，卻可得到更快速的污染移除。然而在操作中的無塵室內，機器會對氣流產生阻礙，而人員在其附近移動。這些因素破壞了氣流且將它轉變成非單向氣流，因此這些區域可能存在較高的污染含量。速度範圍介於 0.3 m/s 到 0.5 m/s 的區間是必要的，因此被破壞的單向氣流可以快速地重建。

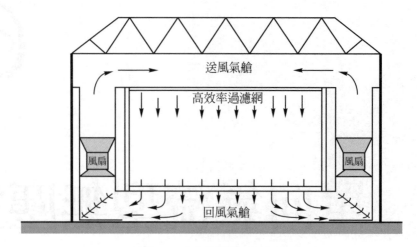

圖 6.1 垂直式單向流無塵室

在室內有越高的速率,則可能會有較低的粒子含量。然而以較高流速的單向氣流無塵室的營運更爲昂貴。在較少人員與機器的無塵室,建議範圍內較低的流速是更爲適合。筆者曾研究過,在可變風速且操作中的單向流無塵室內的氣流速度影響。速率介於 0.1 m/s 至 0.6 m/s (20 ft/min 至 120 ft/min)之間,並且表示需要高於 0.3 m/s 的速率來提供穩定的單向氣流和低粒子與微生物含量。而當增加氣流速度超過此值時(到達 0.6 m/s)雖可降低空氣中微粒子數,但僅根據「報酬遞減法則」(law of diminishing returns)。此得自實驗之資訊被解釋爲,若氣流速度爲 0.3 m/s 時將提供最佳的投資報酬率,但如果無塵室中有較密集的機器或人員時,就必須供給更高的氣流速度,方可降低空氣中的污染。

單一方向性氣流應以氣流速度加以正確地定義,因爲當氣流速度愈高時,無塵室將愈清潔。不能用每小時換氣率的測量,因爲它會和空間的容量有關。這也說明了一個事實,改變天花板高度將會改變換氣率而非氣流速率,或是空氣污染的等級。

供應給單向氣流無塵室的空氣量,是數倍(10 至 100 倍)大於提供非單向氣流型無塵室。因此,單向流無塵室的建造和運轉費用將是更爲昂貴的。

單向流無塵室一般分爲兩種型式,即水平流與垂直流。在水平層流系統中,氣流方向是由牆面到牆面的水平方向流動,而在垂直層流中,氣流方向則是由天花板到地板的垂直方向流動。

6.2　垂直單向氣流型無塵室

　　如圖 6.1 所示為一垂直單向流無塵室。這表示出氣流從天花板到地面，通過整個區域下降。然而單向流無塵室也有被設計為，使得空氣經由散佈於地板高度之壁面的排氣格柵來離開。此類無塵室如圖 6.2 所示。建議以牆壁抽風的無塵室不可太寬，最大寬度建議不超過 6 公尺。在設計時須特別注意。問題的起因是空氣送至排風口的路線。在圖 6.2 所示的氣流類型中，在房間中心處提供較差的單向流，而其餘處則為非垂直流。隨著無塵室寬度的增加，氣流會趨向水平且人員可能會污染產品，若他們的位置介於室內的中央和產品之間。無塵室的大小增加也會增加供應空氣容量比率，但牆壁區域不會按比例增加，這或許是很困難的，在有限的區域提供圓形排氣管房，用適當的速率來得到舒適性和工程設計需求。

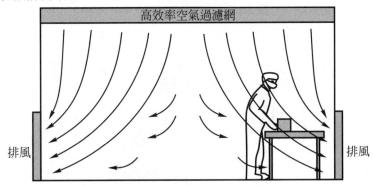

圖 6.2　牆壁排風型之垂直層流無塵室

6.3　水平單向氣流型無塵室

　　如圖 6.3 所示為一水平單向流無塵室之典型設計類型。在此設計中，供風空氣通過一整面高效率過濾網的牆面進入，並穿越整個無塵室後再由另一側牆離開。然後再經由通風空調設備將這些空氣再次送至過濾網送風吹出。

　　大多無塵室的牆壁面積通常小於天花板，因此水平單向流型無塵室的主要造價成本及運轉成本將低於垂直單向流型。然而，水平單向氣流設計較不如垂直單向氣流的受歡迎。原因說明於圖 6.4，圖中比較兩系統如何處理污染源的方式。

　　在垂直單向流型無塵室中，在濾網附近產生的任何污染將被掃過室內，而可能污染下風處的任何工作。一般而言，垂直單向氣流型可以提供較佳的污染控制(如圖 6.4 所示)，因為產生或散播的污染較不可能到達產品上。

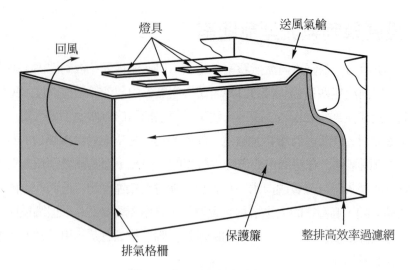

圖 6.3　水平單向氣流型無塵室

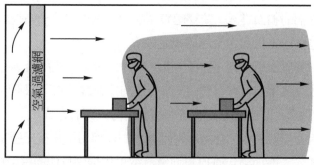

圖 6.4　在垂直與水平單向氣流型無塵室的污染分散

　　如果水平單向流型無塵室可設計成，最關鍵操作皆置於供風濾網附近，且較髒操作皆置於排風口處，則這種無塵室也可行。以下的一些工作須特別注意：

1. 當某些機組故障須要修理時，應由遠離房間過濾網的入口進入。
2. 當工作進行必須現場拆除設備時，應面對濾網拆除。
3. 最容易導致污染的機器維修，必須在供風濾網之後方實施。
4. 當機組重新組裝後，應從無塵室的另一端送入。
5. 換修元件送出無塵室時，應與送入元件時在不同一邊。

　　如果機器或製程置於較靠近整面濾網處，且不允許人員通過濾網及機器之間時(尤其有製程進行中)，則水平單向流型無塵室也可成功運行。

6.4　單向氣流的應用

　　單向氣流型無塵室被用在半導體製造業和類似的應用上。半導體無塵室的發展演變已經有一段時間了，但仍為半導體製造商和其他相似的應用之無塵室設計如圖 6.5 所示。

　　空氣向下流，為單向氣流，即從高效率過濾網天花板向下到由無塵室地板離開。由於半導體製程對於振動非常敏感，因此常常須包含一些振動測試。

　　而某些設計是由地板側回風，也有使用較寬廣的地下室(如圖 6.5 所示)回風，其亦可作為維修用途。也有某些設計會同時具有地板夾層及地下層。而如圖 6.5 所示的設計常稱為「大廳」(ballroom)式，取自其大小。其地板面積能超過 1000 m²，有些甚至大過兩個足球場地。其運轉費非常昂貴，但其改造擴充適應性相當好。圖 6.6 即為「大廳」式無塵室在製程設備未安裝前的完工照片。

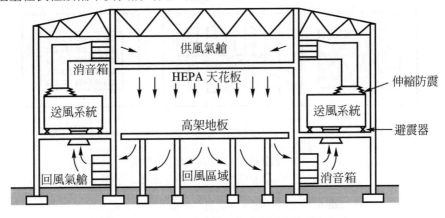

圖 6.5　常用於半導體製程之垂直單向流型無塵室

在「大廳」式無塵室中，天花板是以高效率過濾網全面覆蓋，不論在任何需求下，其均可提供整個房間以及所有製程機器乾淨的空氣。然而，只有在產品易暴露到污染的區域才須要最佳品質的空氣，而在其他的區域，較差品質的空氣也是可以被接受的。

藉由限制哪個地方需要高品質的空氣，設計出較不昂貴的單向氣流型無塵室。一種這樣的設計是，公共設施通道區(屬於較低等級標準)使用無塵室通道(cleanroom tunnel)的情形。此概念可如圖 6.7(b)所示，而無塵室通道之照片則如圖 6.8 所示。

圖 **6.6** 大廳式無塵室

公共設施區域 無塵室
(a) 大廳式無塵室

槽狀公共設施區域 無塵室通道
(b) 公共設施通道型

公共設施區域 無塵室 微環境
(c) 微環境型式

■ ISO 3 (Class 1) 或更高等級
□ ISO 6 (Class 1000) 或更差等級

圖 **6.7** 三種垂直單向氣流型無塵室平面規劃

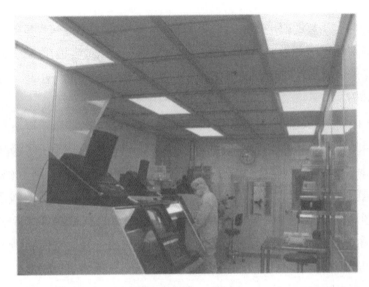

圖 6.8 無塵室通道

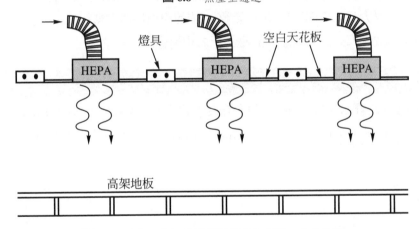

圖 6.9 減少天花板過濾網覆蓋率之非單一方向流動

　　維修人員可以經由公共設施通道直接修理裝有隔板之機器,而不需要進入產品暴露的乾淨區域。這些公共設施通道區的空調造價及品質將較低。在設計「大廳」式無塵室類型時,亦可以預製構件(prefabricated)的牆板將「大廳」隔間,並作為無塵室通道及公共設施通道。而這些牆板在要改變無塵室格局時,也可以輕易地被拆下並重新組裝。

　　無塵室的另一種設計使用微環境(mini-environments)。微環境加強空氣潔淨裝置,讓產品暴露在高品質潔淨空氣中來做保護,因此他們可以置於較低空氣品質的無塵室中。這個概念表示在圖 6.7 (c)以及在第 7 章做說明。

　　公共設施通道及其他較不重要的無塵室區域，一般僅須供應較少量的空氣即可，而且其對於空氣清淨等級要求並不高。此可藉由空白天花板(或盲板)以減少天花板過濾網之覆蓋率來達成。此方法之示意圖可如圖 6.9 所示。如果利用此方法時，最好將天花板的濾網平均分佈。如果將這些濾網對齊或以矩形排列安裝時，過濾網下方之區域將有較佳空氣品質，但周圍區域將有較差的空氣品質。由於無塵室的等級是以最差的粒子計數來訂定的，因此此種設計可能導致較差等級分類。另外一種方式是使用過濾網覆蓋率為100%，且減少整體的氣流速度。此種設計很有可能在濾網覆蓋率不到 100%時，就可能提供較佳的氣流移動，也因此可降低微粒子數。不過，其建造成本將是較為昂貴的。

　　如果無塵室的設計是使用空氣艙供風，則未經過濾的氣艙壓力將高於無塵室。因此，未經過濾的空氣可從氣艙洩漏，而透過未密封或密封不良之結構的接頭等處進入無塵室中。此問題將在第 11 章中討論，並如圖 11.1 所示。而如果無塵室天花板之壓力低於無塵室內之壓力將可避免這樣的問題。這可藉由個別利用風管將空氣送到過濾器，和利用無塵室的壓力高於周圍環境(包括氣艙)，或使用風扇濾網機組(fan-filter unit)從艙內擷取空氣來達成，因此確保氣艙內的壓力低於相對應的無塵室。

誌謝

　　圖 6.5 及 6.9 經 Gordon King 公司允許後再製使用。圖 6.6 經 M+W Pearce 公司允許後再製使用。圖 6.8 經 Roger Diener of Analog Device 公司允許後再製使用。

7

*Separative Clean Air Devices
and Containment Zones*

分離空氣清淨裝置
和控制房間

使用在無塵室的分離空氣清淨裝置，在關鍵區域供應無塵室高品質的空氣(並且，在某些類型的裝置，用作與人員接觸的保護)。而目前可獲得用來提升空氣清淨裝置的種類包括：單向氣流艙與機箱、限制出入屏蔽系統(Restricted Access Barrier Systems, RABS)、隔離區與微環境。

7.1 單向氣流裝置

圖 7.1 是一個水平單向氣流艙(或工作站)，這是最簡單的分離空氣清淨裝置。操作人員可能將坐在工作台前工作，或在工作台上進行某種製程。氣流是朝向著人員且人員的污染物可以被分散保持在關鍵製程的下游端。

使用單向氣流裝置可降低艙內 10 倍或多至高於百倍的粒子和微生物污染。然而，當人員接觸到產品並不會降低接觸污染。接觸污染成為問題時，應該用到像是微環境、隔離區與 RABS 這些分離裝置。這些問題都將在本章稍後討論。

已經有各式單向氣流的機箱。有各種尺寸上的變化以因應任何大小的製程設備。圖 7.2 所示為一垂直單流式機箱置於充填製程機器上。周遭無塵室中的氣流為非單向流，但為避免產品被污染，產品會在機箱中的單向流環境中處理。

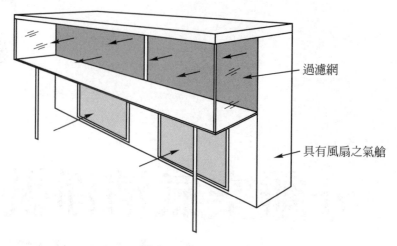

過濾網

具有風扇之氣艙

圖 7.1　水平單向氣流艙

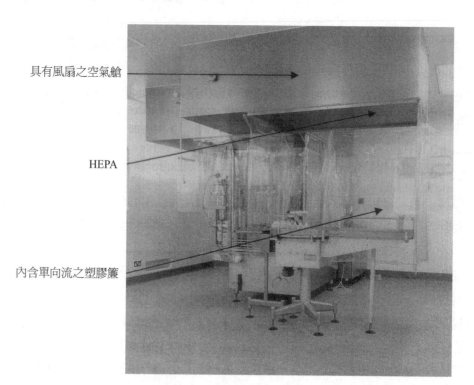

具有風扇之空氣艙

HEPA

內含單向流之塑膠簾

圖 7.2　垂直單向氣流工作站

7.2 微環境、隔離區和限制出入屏蔽系統(RABS)

爲了得到比單向氣流艙和機箱更好的污染控制，可使用微環境、隔離區和 RABS。

7.2.1 微環境(Mini-environments)

微環境與下一節會被談論到的隔離區相似，但微環境通常是用在半導體與類似產業的分離裝置。微環境使用實體屏蔽(通常是塑膠簾或玻璃)來隔離關鍵製程區域與其他區域，如此一來無塵室的其他區域可以改提供較低品質等級的空氣。微環境也將人員和製程做隔離，不至於因爲接觸而污染到產品或製程。

圖 7.3 之圖示爲一個具有公共通道、沒有微環境的單向氣流無塵室。在這個設計，無塵室中作業員在機台間移動例如矽晶圓的產品，單向氣流提供最佳的條件。裝有隔板之機器維修用之公共通道區域(灰色區域，並標有 ISO Class 6)則提供較少的風量。

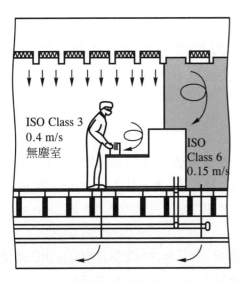 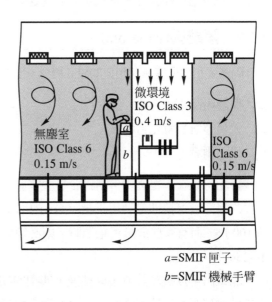

a=SMIF 匣子
b=SMIF 機械手臂

圖 7.3 具有公共通道設計之單向流系統之設計　　**圖 7.4** 具有 SMIF 隔離系統之半導體製程室

圖 7.4 是個設計使用微環境的無塵室。此微環境(如圖中標有 ISO Class 3 之白色區域)提供產品最佳的製程環境品質。而其可以較少的風量提供至人員工作區及服務區(設計等級爲 ISO Class 6 或更差等級)。當使用微環境的時候供應無塵室整體較少的空氣量。

圖 7.4 微環境中的氣流速度是 0.4 m/s (80 ft/min)，此緩慢氣流速度可使無塵室空間粒子數較少些。然而，由於微環境中沒有工作人員，因此不會擾亂單向氣流，如果機器本身也不會擾亂氣流，那麼設計更低的流速也是可以滿足需求的。而最小且適當的氣流速度應參考 12.2 節之氣流可視化技術來加以決定。

正如使用為環境來隔離生產矽晶圓的區域一般，矽晶圓也能夠經由特殊設計的載具(SMIF 匣子)來運送晶圓，其可防止晶圓在製造或運送時不受到空氣的污染。這些晶圓匣子將經由標準機械介面(Standard Mechanical Interface Format, SMIF)插入製程機器中。隨後此晶圓將進行處理作業，然後再將晶圓裝回載具退出，其將不偏不倚地由另一機器接住，並置入其工作介面中。晶圓載具的運送作業可由人員來操作，但有時也會使用全自動架空處理系統來進行。

隨著不同型式設計的微環境，便有不同從製程機器中存取晶圓的方式被發展出來。只要方法經過良好設計，特別是對於傳送站及晶圓盒，它們應良好正常運作。

7.2.2　隔離區(Isolators)

隔離區和微環境具有相似的設計概念，用在製藥業和類似形式的製造。隔離區可用做為：

1.　保護產品不受污染。
2.　人員遠離有毒化合物。
3.　以上兩者。

這些特點可以在隔離區中，相對於無塵室施以正壓或負壓來達到。隔離區內對於產品或製程的清淨度保持則是利用正壓隔離。內部壓力根據設計，與隔離區外部相比範圍從 20 到 100 Pa。而有某些危險污染源時，則必須使用負壓系統。典型的壓力範圍從–80 Pa 下至–250 Pa。

隔離區可以被設計成不同型態，典型的如同圖 7.5。選擇用以傳送物品進出隔離區之設備類型視應用情形而定。圖 7.5 顯示兩種穿越式(pass-through)殺菌通道，還有一個傳送對接裝置。

不同類型的傳送裝置在 ISO 14644-7 中有敘述與分類。種類範圍從簡單的門(Type A)到對接傳送裝置(Type F)。對接傳送裝置是介於兩個隔離區，材料不受污染最有效的傳送方法。它們也可用來連接個別的隔離區。在圖 7.6 所示的步驟說明了傳送對接裝置的操作原理。

使用雙扇門傳送箱從周邊區域將材料送入和傳出隔離區，通常在較低等級的無塵室。它可藉由使用互鎖門和過濾的空氣，來確保受污染的空氣不會在傳送材料中送入或傳出到隔離區。消毒噴劑或抹布用來控制材料的表面污染，使用互鎖計時器來確保足夠時間的消毒動作，以及以過濾的空氣有效清潔。圖 7.7 是一個兩邊具有傳送箱的隔離區。

當製造過程是連續不斷的時候，如大批生產，此時若能夠將產品連續不斷地傳送出隔離區將更為方便。這可藉由使用上述隔離區不同方法之組合來接收產品，或是以空氣動力學設計的(aerodynamically designed)老鼠洞或傳送通道，以及一股向外的氣流(參考圖 7.5)。

大部分的隔離區皆需要有工作人員在隔離區內作業。此可以利用袖套或半套式無塵衣來達成。此也在圖 7.5 中加以說明了此兩種方法。圖 7.8 表示使用半套無塵衣的隔離區。

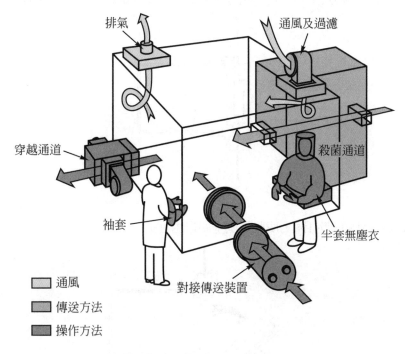

圖 7.5　具有不同元件的隔離區

步驟 1

　　容器接近封閉的隔離區。

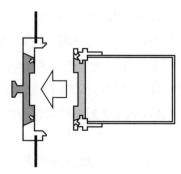

步驟 2

　　容器對接後旋轉及上鎖，並封閉曝露表面。同時在隔離區之互鎖裝置將打開。

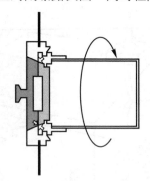

步驟 3

　　進入隔離區內的門打開，使此兩個空間自由互通。

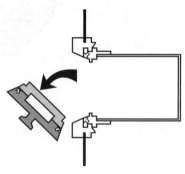

圖 7.6 對接傳送裝置的操作

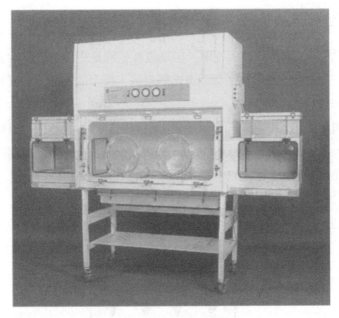

圖 **7.7**　兩端帶有傳送箱的隔離區

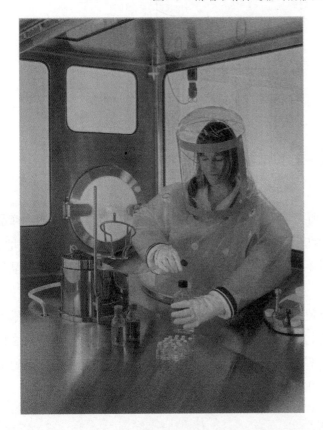

圖 7.8　半套無塵衣
和隔離區的內部一景

7.2.3 限制出入屏蔽系統(RABS)

RAB 系統與隔離區在設計上相似，但是設計型態是更接近於單向氣流工作站的設計。使用 RAB 系統少了像是爲了潔淨進出隔離區、機台的設置，和材料的傳遞的相關困難。

圖 7.9 是簡易的 RAB 系統圖。氣流是從頂端的高效率過濾網，以單向方式向下到關鍵製程區域，並且和單向氣流工作站相同方式在低位排出。該區域存在的空氣量相對地較大，因此介於 RABS 的內部空間和周圍區域僅有少量的壓差。

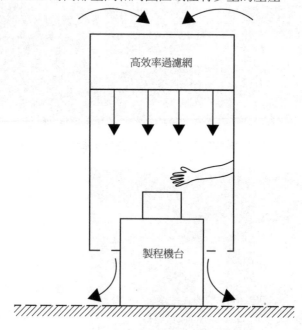

高效率過濾網

製程機台

圖 7.9 簡易 RAB 系統

在單向氣流機箱，圖 7.2 所表示的類型，人員可透過垂掛的塑膠簾幕來處理產品。在 RAB 系統的牆壁是固狀，由塑膠或玻璃製成的簾幕，裝置於製程設備的機座或地板。在製程中進入此區域僅使用長手套、袖子/手套，或半套無塵衣，如此將人員與產品的接觸最小化。

當生產完畢後，若有必要製程設備必須拆卸、清潔、消毒、並且安裝妥當以備下次投產，出入可以藉由開啟牆壁上的門。在製造過程中門是關閉的。出入門讓 RABS 比起隔離區更爲容易。當門開啟的時候，爲了提供更多的保護防止在傳送中的空氣污染，RABS 外部的單向氣流空氣，可以保護開啟的門周圍區域。設計如圖 7.10 所示。

如同隔離區，在微生物清潔無菌區域，RABS 內部必須有辦法消毒或殺菌。殺菌通常是使用適當的殺菌氣體或蒸汽進行，像是過氧化氫蒸汽。然而，完成殺菌可能需要數小時。消毒可以用像是酒精的消毒劑擦拭清潔各種表面。清潔與機台組裝可在開門、關門，和單向氣流建立後，開始生產。

當 RABS 需要氣態殺菌，必須要確定是否為氣密，且空氣會散出系統之外的區域必須被關閉。在圖 7.10 的虛線所表示。有趣的是注意圖 7.10 所表示的 RABS 之設計近似於隔離區。

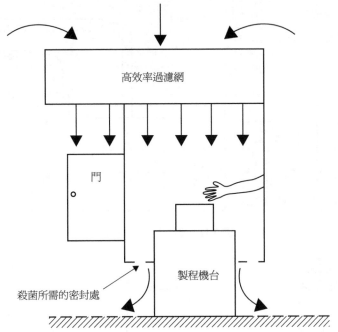

圖 7.10　以門保護和選擇的密封蒸汽滅菌法的限制出入屏蔽系統

7.3　控制房間

　　無塵室是用來防止空間中的物件產生污染。然而，在某些製造過程中卻會產生有毒化學氣體或危險的細菌，這些不可散逸以及傷害到人們。例如，在有高度活性藥物(如荷爾蒙)的製藥工業中就可能發生，必須能確保藥物的潔淨，但又不能使操作人員吸入。而其它的例子也可在生物科技產業中發現，實驗中進行基因工程中之微生物菌類亦須要加以控制。另外，處理危險的微生物菌類之微生物實驗室會要求，保護在其內之工作人員或人員經過或靠近時不會被傳染。

這些控制房間(containment room)的設計與相關的技術皆與一般使用於無塵室的類似,因為控制房間通常僅是配備污染控制或有毒氣體控制的無塵室而已。

圖 7.11 是一個控制房間的例子,用於工作在危害到人員健康微生物菌類。由圖中可以看出,當向空間供給乾淨空氣的同時,仍必須抽出更多的空氣,因此空間內將處在負壓之條件下,並且空氣總是由外部流入空間的。從室內抽出的空氣在排至外部環境前,需經過一個高效率過濾網過濾。在圖 7.11 中,是利用微生物安全櫃來達成。確實在圖 7.11 的控制房間之內的情形,通常很有可能就是一個安全櫃。

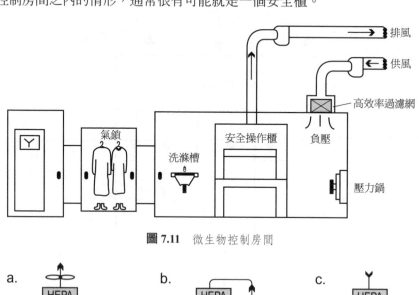

圖 7.11 微生物控制房間

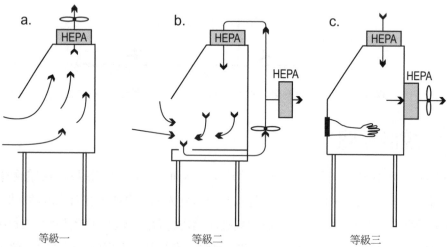

圖 7.12 微生物安全操作櫃

　　圖 7.12 則顯示出現有的三種基本類型的微生物安全櫃示意圖，圖中亦顯示出氣流和隔離原理。對於沒有很高安全風險之微生物，使用等級一或等級二的安全櫃。如果在操作櫃內部要比起周圍區域潔淨並非關鍵條件，可以選用等級一的操作櫃，擷取周圍空間的空氣內部保留污染。然而，如果潔淨條件要求比房間所需求的為高，則應使用等級二之操作櫃。此類型之操作櫃除了可在產品上供給流動的過濾空氣外，而且可確保空氣是由外部流入操作櫃。對於高風險的微生物情形，則使用等級三之操作櫃。等級三的操作櫃在設計上和負壓隔離區非常相似。

　　微生物安全操作櫃適用於其他應用。若要用做安全操作櫃來提供對毒化學的保護，這必須設計成任何潛在污染被限制在容易進行清潔的小區域。若必須使用安全操作櫃處理放射性物質，則必須以襯鉛的形式、鉛丙烯酸與鉛玻璃面罩提供適當的輻射防護。

　　控制房間在設計上的另一個特點則是空氣鎖裝置，其可允許人員換上特別的工作服，並可使氣流離開空間的量儘量減少。此外，使用穿越壓力鍋(pass-through autoclave)也可針對某些在無塵室內被污染的材料進行消毒殺菌作業。

　　此外，某些其它的控制房間或許具有更高或更低的標準，其取決於空間中有毒的、化學的或微生物的危險程度。危險程度較低的空間不須使用空氣鎖或壓力鍋。而在高度污染危險的空間，則應使用如等級三類型的操作櫃或負壓隔離操作櫃，而且應在空氣鎖和控制房間之間裝置一個空氣浴塵區。當處在有特別危險顧慮的環境下時，工作人員則應穿著具有提供過濾空氣的特殊衣服。

誌謝

　　圖 7.3 及 7.4 經 Asyst Technologies 公司允許後再製使用。圖 7.5、7.6 及 7.8 經 Getinge La Calhêne 公司允許後再製使用。圖 7.7 經 Envair 公司允許後再製使用。

8

Construction
and Clean-build

建造與清潔式建造

建造材料與方法

一間無塵室需要較高的建造標準並且可以從下述的方式來與其他結構區分：

- 它應該被建造於具氣密性的牆壁與天花板內。

- 其內部表面的處理應該是光滑且容易清洗。

- 內部表面的處理應要有足夠的韌度，如此當衝擊或磨損時才不會產生碎屑或粉末。

- 其內部表面的處理應該足以抵抗那些製程的化學藥品、清潔劑、消毒劑或水的侵蝕。

- 在某些無塵室中，需要使用電鍍塗佈的建造材料。

- 在某些無塵室中，需要使用要求「釋氣」(outgassing)最小量之建造材料。

由於無塵室與鄰近的區域相比應是維持在正壓。假使建造時品質粗劣且接縫沒有完全密封時，將會從結構中產生很多的洩漏。也因此為了使室內保持正壓，可藉由提供過量的新鮮外氣量來加以補足。然而，將這些已經過昂貴過濾且已調節過的空氣浪費掉是極不經濟的。因此，試圖在此建造完成時再針對此參差不平的部份加以密封，將遠較建造時即加以注意氣密要來得困難許多。如果無塵室洩漏的量超過空調系統的設計值，可能需要額外的新鮮空氣量，包括更換一台具有更高容量的新鮮空氣空調機。欲保持密封無塵室處於負壓的狀態存在一個特別困難的密閉性問題。它們必須是氣密的，否則沾有污塵而未經過濾的空氣會透過裂縫、接頭與結構的維修孔被吸入。

　　無塵室建構所使用的材料應在面向無塵室內側表面保持光滑平順，而且表面不應有小孔洞或粗糙其表面應該沒有縫隙可積存污染源。且當有污染附著在表面時，也應該極容易加以清除。而在無塵室內部中的各式接頭應避免露出開口，因其可能產生污染之藏匿與散播。

　　無塵室內裝表面的處理必須達到不容易產生分離，且不易散播材料表面的碎屑或微粒爲原則。經常使用在住宅和辦公室建築的傳統材料是石膏板(plasterboard)，其是以釘上飾釘作爲隔間再加以粉刷完成。如果石膏板被重擊，外面一層可能會崩裂而膏粉因此被釋放出來。在無塵室這種事情是不允許出現的，因此如果使用了這種類型的結構，石膏表面必須適當地覆蓋或塗裝使之能抵抗撞擊。

　　無塵室的表面中，特別是地板，應能承受得住無塵室中使用的特殊液體。因爲某些製程會使用強酸或有機溶劑等都將會造成表面的腐蝕。而在某些微生物(micro-organisms)會導致污染的無塵室中，消毒的作業將會是需要的。消毒劑通常在水溶液中需要幾分鐘的溶解時間才能夠用來消毒，因此如果使用不當的建造材料時，很有可能會出現水滲透的現象。類似的問題可能會出現在使用活性劑來清潔無塵室表面的時候。因此，確定不會發生水的滲透現象是極爲必要的，因爲此種滲水現象可造成建築腐壞，可能產生適合微生物生長的潮濕條件。然而，注意微生物菌類處在乾燥之縫隙中將會繼續繁殖增長是不正確的。微生物菌類在自然條件下是水生的(aquatic)，因此，除非水可輕易獲得，或環境之相對濕度高於一般在無塵室中的條件，否則微生物菌類之生長將不會發生。

　　靜電電荷的產生可能藉由摩擦兩種不同的表面而產生，並且可能衍生兩個對於無塵室的問題。首先，此靜電電荷將吸引來自空氣中的微粒子，隨後此堆積附著的微粒子將可能造成污染問題。其次，表面的靜電放電可能會導致某些產品元件故障。因此，在某些無塵室使用那些能將靜電問題減至最小程度的建造材料是極爲必要的。

　　在無塵室的建造材料中可能因含有某些化學成份而導致氣體釋放(outgas)。這些被釋放出來的化學物質可能會導致所謂的「分子性的」或「化學性的」污染。氣體釋放也有稱爲「除氣(off-gassing)」。在某些無塵室中(諸如在精密製造光學表面或半導體的無塵室)，這些釋放出之化學成份可能是不被接受的。也因此，所用的建造材料是不可以產生氣體釋放者。

　　無塵室有許多不同的建造方式。然而，儘管事實上某些建造方法並不易適當地加以分類，吾人仍可將其建造技術概略地以下面兩個主題加以討論。亦即傳統化的(conventional)與模組化的(modular)。

8.1.1　傳統建造技術

　　使用傳統化的建造技術極適合修改擴充,因而廣泛地應用在無塵室的建造上。此傳統類型之無塵室通常被建造成包含地板、天花板和外牆之建造。在構造內部,內部牆面將設計造成無塵格局的不同房間。而且此隔間是使用傳統的建構技術,亦即利用磚塊建構且使用濕灰泥牆面塗平或乾式襯裡等方法來完成。

　　乾式處理是最常使用的方法,因此種方法的施工期較短且較易整修,而且其可允許水電及空調風管在隨後施工。由於此法簡單性,牆面是使用對齊的石膏板來建構裝修。這些板子先捆綁黏牢後再塗上底漆,最後加以粉刷塗層完成。此類粉刷塗層將選擇具有較佳的耐衝擊材料為主,例如環氧基類(epoxy-based)之材質。為了易於清潔,牆對牆之角落最好建造約 25 mm(1 inch)到 50 mm(2 inch)直徑的導角曲線。而牆對地板接合的角落一般將以直徑 100 mm(4 inch)之 1/4 圓導角曲線加以處理。以環氧樹脂漆作表面處理,這種傳統的施工方法只適合用於相當 ISO 等級 8 或 9 的無塵室,或是進出走道或是無塵室的控制區外側的地方。若在地板、牆面與天花板鋪上一層焊接接合之 2 mm 厚的耐磨型軟塑膠地板當作襯裡,則所建造出的無塵室無論其品質或是外觀都會有顯著的改進。

　　另一種表面處理方法是將適合建造無塵室之材料固定在傳統的飾釘牆架(studded wall frame)上。壁板厚度約 3 mm 到 12 mm 薄(1/8 inch 到 1/2 inch),取決於其強度與剛性,且因為飾釘將提供額外的結構剛度,遂會比模組建造中的無飾釘系統所需厚度更薄。

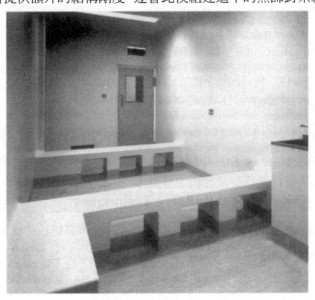

圖 8.1　顯示充份導角曲線使用的無塵室換衣區

以下所介紹的壁板都是合用的而且可以從不同的專業供應商購得：

- 壁板是由無塵室相容的表面和內部強化材質所組成的。外部的表面可以是(a)具粉末塗層或瓷釉的鍍鋅軟鋼(b)塑膠板片(c)經陽極處理的鋁片或具粉末塗層或瓷釉的鋁片。而內部的結構核心材料可能是由石膏板、複合板、膠合板或蜂巢狀板等所組成。
- 玻璃強化之環氧樹脂(epoxy)板材。
- 具粉末塗層或瓷釉的鍍鋅軟鋼板。
- 陽極處理過的鋁板或具粉末塗層或上瓷釉的鋁片。
- 具有合適塗層粉光的不鏽鋼板片。

另外尚有許多其它組合材料可以使用，只要它們能滿足在本章第一節所定義的標準。

8.1.2 模組化建造

模組化建造(modular construction)的建造方式是構造組件皆在運送至現場前已做好，各組件到現場時僅須組裝起來即完成無塵室結構。其可從專門從事製造此類系統的廠商得到各式各樣的模組元件。必然地，此類系統最容易裝配，而且是美觀且最穩固的系統，且其污染的可能性最少，但也將是最昂貴的系統。因此，明智地評估是必要的，更須仔細思考建立此種系統的投資及其帶來產品品質售價提升的優點間如何取得平衡。兩種主要的模組系統類型是：

- 無飾釘牆系統。
- 框架牆系統。

■ 8.1.2.1 無飾釘牆系統

這些通常是由 50 mm(2 英吋)厚的壁板所組裝而成以賦予適當的強度。壁板會被塞放到天花板與地板的架設軌道內並對接在一起。這些軌道通常是陽極處理過的鋁擠形材質。圖 8.2 為此種系統之天花板及地板之詳圖。

牆板是由外側為無塵室相容表面和內部的強化結構所組成。外側表面可能是塑膠板、經陽極處理過或經粉末塗層或瓷釉的鋁片，或經過適當處理的軟鋼所組成。而內部的結構核心材料可能是由石膏板、複合板、膠合板或蜂巢狀板等所組成。

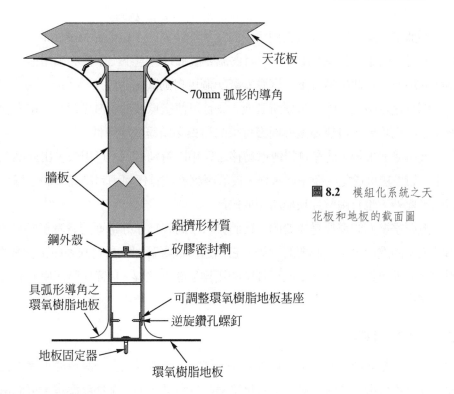

天花板

70mm 弧形的導角

牆板

圖 8.2　模組化系統之天
花板和地板的截面圖

鋁擠形材質

鋼外殼

矽膠密封劑

具弧形導角之
環氧樹脂地板

可調整環氧樹脂地板基座

逆旋鑽孔螺釘

地板固定器

環氧樹脂地板

■ 8.1.2.2　框架牆系統

　　框架是特殊的鋁材擠型。立柱和十字形構件被裁剪或以螺栓栓在一起,框的一側(單面)或兩側(雙面)都以壁板予以覆蓋。使用這種類型建造的牆板,除了厚度將更薄些,其它與前面所討論的建造材料是相同類型的。

　　框架牆系統也用於將製程機器與其它房間區隔開來。微環境系統或 RABS、以及圍繞機器之安全簾,都是例子。質輕的擠形結構相連接而產生圍繞機器之框架,而由鋁板、玻璃或透明塑膠所製成的壁板,透過特別的易清潔墊圈而嵌進框架中。

8.1.3　門、窗戶、地板與天花板

■ 8.1.3.1　門和窗戶

　　最常見的無塵室門的類型是使用不易變形之核板、並以玻璃纖維強化塑膠、美耐板或經適當熱處理與塗層之軟鋼予以無縫地處理其表面與外緣而成。門配件的使用,如門把手的數量要儘可能的少,以有助於清理工作並且減少手部污染的傳遞。對於必須使用配件之處,它們應該不會堆積塵埃且要易於清洗。

　　門通常是向內開的以便它們會一直受到無塵室的正壓而保持關閉的狀態。然而可以例外的是，例如，那些工作人員會因為需要攜帶材料空不出手而必須用他們的身體來推開門的地方。在此種情況下，則應安裝一個可自動關閉的門。

　　門應是以極佳之配合公差所製成，並且可使空氣洩漏量減至最少。這對於負壓控制無塵室特別重要，自無塵室外面飄近來的污染必須盡量地降低。

　　門可鑲嵌玻璃，此在材料傳遞轉移之氣鎖區特別有用，可用來看出此區間是否在使用中。如果無可避免的要鑲嵌玻璃，玻璃應該沖洗且任何密封墊在設計上應該是易於清潔的。此外，也有由整片玻璃所製成的門。

　　無塵室壁面的窗戶是需要的。它們屏除了訪客為了好奇而想看看無塵室的需要，因而進入室內進而帶來不必要的污染。它們還可以讓管理人員看到裡面正在發生的事情，因而免於進出無塵室時必須歷經耗時的更換無塵衣過程。且窗戶應使用易於清潔的密封墊來鑲嵌。

■ 8.1.3.2　地板

　　混凝土是無塵室最常見的地板基礎。然後，必須再加上一層平滑不滲水且耐用的表面。其應可抗滑，且對不慎溢出的化學藥品具有抵抗力。某些無塵室，可能還需要具備良好的靜電性能或最少的除氣特性。

　　地板常使用重荷型韌性塑膠片予以覆蓋並以焊接方式將之接合。也有較少數的表面是覆蓋水磨石，其非常耐用，因此適合需要此種耐用性之環境。乙烯類薄板之地板可以在須要時被製造成具有導電性。在單向流無塵室中，氣流會經過地板，可常見地板由基座之穿孔板片組成，而可讓氣流通過。

　　地板對牆的接縫處通常應製作成具有弧形導角狀之型式。當然，若有使用機器來清潔地板時可例外。

■ 8.1.3.3　天花板

　　在無塵室中有個假天花板並非是不尋常的事。在接近空調風管和其它氣體管線或電力供應的需要上，以及在末端過濾網和嵌壁式燈具與天花板結合的考量上，皆指出懸吊或支撐天花板的使用是須要的。

　　在亂流氣流之無塵室的天花板是懸吊式或自我支撐式的。被嵌在天花板上空間的嵌入式照明設備和空氣過濾網的外罩所安裝的位置會避開任何支撐結構，其餘空間則都是空壁板。圖 8.3 展示一個懸吊式無塵室天花板，其中的空間足夠讓人在其間行走，它的上面安裝了各種不同的組件。

　　所有的燈具設備、過濾網模組和空白板子皆必須非常緊密地配合安裝以確保空氣洩漏的最少量。假使未使用高品質的密封元件，亦可考慮使用樹脂膠泥或其它方法填封所有連接縫隙。

　　在單向氣流的無塵室，大部分的天花板都是由過濾網所組成。天花板的框架是由特殊的鋁擠形材料所組裝而成且過濾網會被插入到框上的箱體。此部份已在本書的 9.6 節已有所討論。

空調風管

過濾網箱組

燈具設備

吊桿

天花板面板

圖 8.3 懸吊式無塵室天花板

8.2 氣體釋放與靜電特性

　　在半導體製程和類似的區域中，某些建造材料的使用可能會造成化學成份的氣體釋放，也因而會帶來污染的問題。例如，用於鋪設地板(有時如前所述的牆壁和天花板)之耐磨型塑膠地板加入了大量的塑化劑使之更柔軟。塑化劑通常是來自於被稱爲鄰苯二甲酸鹽的化學基。鄰苯二甲酸鹽會蒸發，這就是爲什麼乙烯產品會隨著時間的推移而由軟變硬。蒸發是緩慢的，但該地板涵蓋的面積卻是很大的。因此，對於任何要求低揮發性

化學物質之處必須採用特製的塑膠地板。還必須確保採用了合適的牆壁和天花板，以及所選用的密封劑和粘合劑也都不會釋放氣體。

應當指出的是，用於空調裝置和空氣分配管道的材料不應釋放氣體，如矽膠粘泥就應該避免使用。這同樣適用於電纜線，高效率過濾網。

有些測試方法可用來確認材料之氣體釋放特性。這些會加速化學污染物的釋氣，而且可用來評估其凝結到一表面上的量。

8.3 潔淨式建造法

當一間無塵室剛剛建成，它必須在清理好的狀況下交給使用者。在建造一個無塵室期間，材料在被移送到到施工現場時並非是清潔好的狀態，而是被暫留在暫存區沾染更多的污塵，隨之用來建造無塵室。施工方法也有很高的機率會加重污染的程度。這污染不能出現在交付與客戶的無塵室，而為了盡量減少這種可能，有兩個作法可供選用。第一個是，在無塵室建好的時候，進行徹底的清理。這通常稱為「終極清潔(final super clean)」。關於應該如何清潔無塵室會在本書第 22 章詳細說明，而這一章不會對此做深入的討論。另一個做法是使用一個「潔淨式建造法(clean build)」的技術，以減少藏身於無塵室的污染數量。本節的後續內容將專心說明這個技術，它採用以下方法：

1. 建造用的材料只有在需要使用時才及時交遞與儲存起來，以減少污染。
2. 建造材料的包裝事先會被拿掉且被用來建造前其表面也會事先予以清洗。
3. 建造無塵室的過程和人員所產生的污染會被最小化。
4. 施工期間進行清洗。

即使使用潔淨式建造法，「終極清潔」也應該在無塵室建造完成後實施。潔淨式建造法常常運用於半導體以及類似高品質產品的無塵室。屬於 ISO 第 7 級的無塵室，建造時會更髒污，因此它們不大可能採用潔淨式建造的方法。

8.3.1 潔淨式建造法的優點與缺點

使用潔淨式建造法的主要優勢是污塵不會藏身在無塵室的結構內，且隨著時間而外洩的污塵應該會是最少的。此外，如果無塵室的使用性未來發生變化而要求移動內牆，或是無塵室的結構需要打通以便讓新的生產設備得以出入，這些動作所引發的污染問題應該盡量減少。並沒有人證明過，使用潔淨式建造法所建成之無塵室會有較低的污染

率。然而，任何人看到材料交運到施工現場後，並存放在泥雨中數個星期，然後被安裝到無塵室，會覺得至少在某些方面潔淨式建造法應該用在無塵室的建造工作上。

採用潔淨式建造法來建造的缺點是需要額外的成本和時間。這方面額外的費用通常介於總成本的 1%和 5%之間。如果採用「終極清潔」方法來當作潔淨式建造的替代做法，終極清潔法的費用不會超過 1%。潔淨式建造法需要大量耗用手套、套鞋、墊子等等以供施工人員使用，但大部分的成本是花費在施工人員於非施工時間之服裝的污染控制、建造材料和工具的清洗，以及實行其他要求。

8.3.2　潔淨式建造法的標準程序

潔淨式建造法的施工過程被劃分成好幾個階段，這些階段會在專案接近完成時對污染控制的措施作更有效的要求。IEST RP 12 提供一個例子說明如何借助潔淨式建造法的標準程序來達成。想要讓任何一個標準程序能適用於所有無塵室的不同施工方法和施工工序是不可能，而且很可能每建造一個無塵室就必須制定一個適用的標準程序。

潔淨式建造的第一個階段可以在建造物的外壁「乾燥」後開始。第一個階段可以讓建造物內的潔淨區域的外圍以分區的方式來維護好。在第一個階段所要進行的工作有電氣、管路、油漆、木工和類似的工作於建造物外壁，以及安裝空調機組與相關的管道。在這個階段的施工人員通常並不需要特殊的服裝，不過鞋子必須保持清潔且要有紀律以確保有做到這一點。唯一進入這個潔淨區域的入口是個受到控管的入口。為此可能需要先畫出一個暫時性轉運區以便讓人員以及物資，在被清理與進入潔淨區之前稍作存放之用。潔淨區域所需要的材料應事先儲存起來直到需用時，並且在需用時，他們應該被拆包，然後才被攜入潔淨區域。包裝用的材料是不允許被攜入潔淨區域的，特別是硬紙板、木材、紙張和保麗龍。在材料被帶入潔淨區域之前，重大的污染應該使用無塵抹布或吸塵器然後擦拭的方法來去除。要求工作人員服從基本的規定是必須的，用以減少污染。潔淨區域的清洗作業必須定期進行。

潔淨式建造法的第二個階段是在建造無塵室所需用的材料被攜入潔淨區域之後展開。無塵室的內部，即牆壁、天花板和地板要配合無塵室和製程所需的之電力和其他服務。如果可能的話，潔淨區域應加壓以阻絕外界的污塵。如果潔淨式建造法是被用在配備有單獨新鮮空氣之空調裝置的無塵室，該空調裝置應該在主過濾網(但不裝上 terminal HEPA 或 ULPA)安裝好的情況下啟動。如果有單獨的空調裝置，它應該在主過濾網安裝好的情況下啟動。在這個階段，工作人員進出潔淨區域時將被要求穿上鞋子或鞋套，若

是所穿的衣服有很明顯的髒污時,則他們不應該被允許進入潔淨區域。包裝材料已經自材料的身上卸除,這些材料被攜入時已被無塵抹布抹擦過。潔淨區域會不斷使用合宜的清洗方法來清洗。應該明白制定規則以確保污塵不會被不適當的建造技術所引進而產生大量的污塵,如鋸木、焊接、鑽孔等。這些應該在特殊的區域進行或採取因應的措施,以盡量減少污塵的蔓延。

第三個潔淨階段開始於無塵室完成之後。在第三個階段,HEPA 或 ULPA 過濾網被安裝好且完整性測試,且空調設備已達到平衡。控制製程所需的機械性和電氣性功能完成後,進一步展開與「終極清潔」有相同強度的清潔工作。從這裡開始,應該同樣地沿用無塵室投入生產後所要遵循的污染控制規則和措施。這第三個階段結束於無塵室以「如同建好」的條件下受測的時候。

潔淨的最後一個階段開始於無塵室以「完工狀態」的條件下完成令人滿意的測試之後。生產設備已安裝好並連接到所需的電源供應和其他服務。這個階段於無塵室完成「停止生產狀態」的測試以證明無塵室是適合交給使用者之後結束。

8.3.3　最佳化作業順序

潔淨式建造法的一個重要部分是事先規劃好作業的順序。污染性的作業必須先進行而潔淨作業最後才做。不幸的是,這並不一定能如此做,若在潔淨的狀況下要從事污染性的作業,應該採用保護性的措施以減少污染。

8.3.4　臨時性存放與「清掃」設施

存放無塵室的建造材料也會是一個問題。被運送和被置放在外面的材料可能造成嚴重污染。因此無塵室建材應該存放在室內,如果沒有適合的區域可供運用,那麼應該建立臨時性的建造物。存放區域需要進行規劃並好好管理,以便建造無塵室的過程中可以以正確的順序來取用材料。

8.3.5　高純度管線

架設高純度氣體和液體的管線時需要特別注意。雖然大多數的管線下包商具有安裝不銹鋼、塑料、銅這類系統的資格,不過要確保毫無污染地供應無塵室製程之流體所需要的技術可能超出他們所學。因此,可能的話最好能聘請專精於這些要求的第三方專家來指導架設,並提供測試服務,以驗證透過管線索供應之流體的純度。

誌謝

圖 8.1 是經 Thermal transfer 公司同意後再製。而圖 8.2 及 8.3 則是經 MSS Clean Technology 公司同意後再製。

高效率空氣過濾

High Efficiency
Air Filtration

9.1　使用於無塵室之空氣過濾網

　　供給至無塵室的空氣，必須確保空氣中所含之微粒子及微生物都已經移除了。一直到 1980 年代初期，僅使用高效率過濾網(High Efficiency Particulate Air filter，HEPA filter)來過濾無塵室空氣，因為是可獲致的最有效方法。HEPA 過濾網會過濾掉至少 99.97%的最容易穿過的微塵粒子。時至今日，HEPA 過濾網仍然廣泛地使用在無塵室中，作為移除送風空氣中的粒子及微生物之用。

　　積體電路(integrated circuits，IC)及其他設備的製造條件已達到需要較 HEPA 濾網更高過濾效率之濾網，以確保通過過濾網並進入無塵室中的微粒子更少。而這些更高過濾效率的濾網稱之為超高效率過濾網(Ultra Low Penetration Air filter，ULPA filter)。ULPA 過濾網會過濾掉至少 99.999%的最容易穿過的微塵粒子。這濾網構造方式及功能與 HEPA 者相同。

　　一般為吾人所接受的濾網分級如下：

- 對於 ISO Class 6 及更低階之無塵室，一般使用 HEPA 濾網搭配亂流型通風來配合無塵室分類。
- 對於 ISO Class 5，會使用 HEPA 濾網完全覆蓋天花板，來提供單向氣流流經無塵室。
- 對於 ISO Class4 或更低階之無塵室，應使用 ULPA 濾網搭配單向氣流。

9.2　高效率過濾網的構造

　　高效率過濾網的構造一般由兩種方式所構成：一為深層摺疊(deep-pleated)式，另一為迷你摺疊(mini-pleated)式。深層摺疊是個舊式過濾網的製作方法，過濾紙是從一個紙滾捲抽出並被前前後後地折疊，形成 15 cm(6 英寸)或 30 cm(12 英寸)深的過濾包。為了使空氣通過濾紙並提供過濾組件一定強度，通常會在濾紙摺痕間加入波形鋁片以作為分離板(separator)。然後再將濾材(filter media)和分離板的組件黏合到塑膠、木頭或金屬的框架中。圖 9.1 為傳統深層摺疊式濾網構造之剖面圖。

　　現今較普遍使用的是迷你摺疊式高效率過濾網。鋁片分離板並不是用於此類構造方法，但摺疊濾紙間會以絲帶、上膠線或凸形窩槽(raised dimples)等來維持皺摺開度，然後再將完整組件裝配於框架上。如圖 9.2 所示之此組裝法其皺摺可較深層摺疊式高出 2.5 到 3 倍左右，因此能做得更緊密。

　　過濾網的壓降取決於通過濾材的氣流速度以及濾網構造的類型。通過整個過濾網的氣流速度通常是 0.45 m/s，儘管通過濾材的速度僅約 1 cm/s 至 2 cm/s。在這個速度下，跨越過濾網的壓降會依據濾材的厚度、所使用濾材的類型而有所不同。通常過濾網的效率越高壓力下降也越大，儘管較高的壓力可以藉由使用較高強度的濾材來彌補。高效率過濾網的初始壓降可能是 120 至 170 Pa 之間。而當壓降大於原本的 2.5 到 3 倍時，就必須選擇更換濾網了。

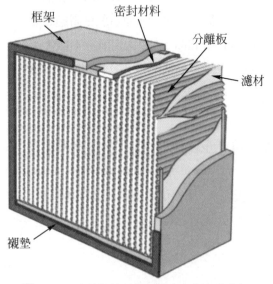

圖 9.1　具分離板的深層摺疊式高效率過濾網

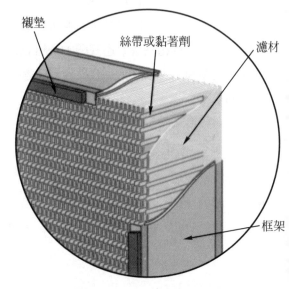

圖 9.2　迷你摺疊式濾網之剖面圖

9.3 微粒子移除之方法

　　高效率過濾網是設計用來移除針對 1 μm 或更小的微塵粒子。高效率過濾網會過濾掉較大的塵粒，基於此目的而使用它們，就成本上而言並不划算。而造價較不昂貴的初級濾網(pre-filter)可用來移除較大的微粒子，但本章不討論。高效率濾材是使用直徑約 0.1 μm 到 10 μm 的玻璃纖維所製造，利用纖維間通常遠大於微粒子之空間來對微塵粒子進行捕獲。ULPA 過濾網有個比 HEPA 過濾網更細的纖維。

　　這些纖維在濾材的深度範圍中隨機地交錯貫穿而形成大小不易控制的孔隙。高效率濾材的顯微照片示如圖 9.3 所示，而照片的底部則標示出 10 μ 的尺標。

　　當空氣中的微塵粒子移動經過濾紙時，因碰撞到纖維或其他的粒子將會被纖維所捕獲。當微粒子碰撞到纖維或是較早被捕獲之粒子時，某些較強的作用力如凡得瓦爾(Van der Waal's)力，將在被捕捉的粒子與纖維/已捕捉粒子間建立起來，以此作用力來攔住微塵粒子。這些力也是何以被捉住的微塵粒子不會從濾網脫逃到供應無塵室的氣流中。

　　濾材在移除微小粒子方面最主要有三種方法：撞擊(impaction)、擴散(diffusion)以及攔截(interception)。第四種方法是，過篩，也稱為篩選或過濾，則較不重要，因其僅用在較大的微塵粒子，這些應該已經被前置的過濾網所過濾掉了。如圖 9.4 以圖示概略地說明了這四種方法。一般認為，靜電效應對於高效率過濾網並不太重要，因此並沒有包括在此圖內。

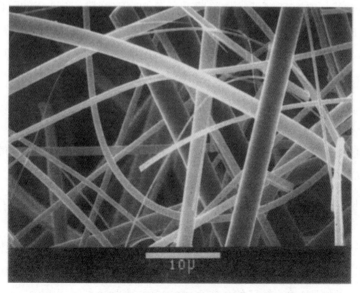

圖 9.3 高效率濾材之顯微照片

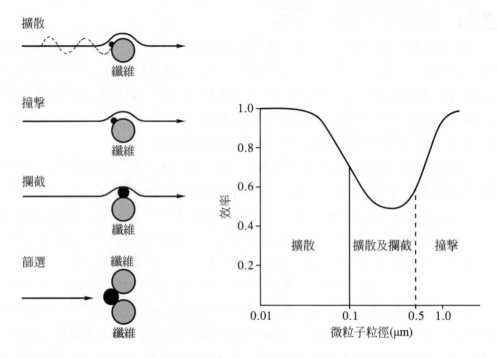

圖 9.4 移除微塵粒子的機制   **圖 9.5** 空氣過濾網(50 年前成品) 的典型效率曲線

　　在擴散過程(也稱爲布朗運動)中所捕獲的微塵粒子是隨機地四處移動的。隨機運動肇始於其他微粒子以及其所懸浮於的氣體分子等的固定撞擊。所造成的隨機路徑讓這些微塵粒子前進時會更容易碰撞到過濾網的纖維，或是先前已被捕捉到的粒子。

　　如果當粒子隨著氣流通過纖維而撞到纖維時，微粒子會被捕捉且阻攔下來，此種機制稱之爲攔截。

　　對於撞擊式捕獲的過程，一顆具有足夠質量(動量)的塵粒，當它隨著氣流流動時會脫離氣流並直接撞擊到纖維。

　　而過濾的最後一種機構稱爲篩選或過濾，僅發生在以纖維與纖維間的間隙比捕獲的粒子之粒徑較更小時。

　　高效率過濾網通常會同時使用上面介紹過的三種機構來移除空氣中的微塵粒子。最大粒徑的粒子是以慣性撞擊的方式來移除，中等粒徑的是由直接攔截方式來移除，而最小粒徑的粒子則是由擴散方式加以移除。於圖 9.5 所展示的資料是這些機制的綜合結果。此圖說明了 HEPA 濾網之粒子移除效率曲線，而其對粒徑大小約爲 0.3 *μ*m 具有最低的移除效率。最易穿透的粒子的外徑(MPPS)通常介於 0.1 *μ*m 和 0.3 *μ*m 之間。粒子的

外徑大於 284 大 MPPS 的塵粒會被更有效地移除，應該指出的是，粒子的外徑小於 MPPS 的塵粒也是如此，後者之所以會如此是因為擴散的關係。

這條曲線給出了一個相當簡單的方法，以具有最低之移除效率(最大穿透性)的粒子尺寸與某些變數，如粒子的密度和濾材的類型，的關係來表現。

9.4 高效率過濾網的測試

高效率過濾網在生產工廠接受測試以確保他們對試驗用的微塵粒子具有正確的過濾效率。此類測試的標準相當多。以下是吾人較為熟悉的規範。

9.4.1 美國陸軍標準 282(Military Standard 282)

此美國所用測試使用鄰苯二甲酸二辛酯(dioctyl Phthalate，DOP)的熱產生(thermally generated)粒子，其質量中位直徑(mass median diameter，MMD)為 0.3 μm，藉以測試 HEPA 濾網的效率。這個直徑相當於中數粒徑(CMD，count median diameter) 0.19 μm。也有使用其他油類如聚-α 烯烴(PAO)或癸二酸二辛酯(DOS)。油被加熱，使其汽化，當蒸汽離開產生器後遇到空氣並凝結，形成所需大小的顆粒。可用來測定濾網之效率。

9.4.2 IEST 建議規範

環境科學與技術協會(The Institute of Environmental Sciences and Technology，IEST)發展數套建議實務規範，來測試及分類 HEPA 與 ULPA 過濾網(IEST-RP-CC001, 007, 034)。濾網的分類是根據上面所描述之美國陸軍標準 282 所做的測試，或用微塵粒子計數器的測量結果。在微塵粒子計數器測試方法(RP 007)，使用一個近乎均一粒徑煙霧劑和偵測器，或者多粒徑煙霧劑與一個計數器，可以判斷出粒徑範圍介於 0.1 μm 到 0.2 μm 之間的過濾效率。選擇何種煙霧劑由使用者自己決定；有幾個建議。於這兩種分類方法，用來判斷過濾效率之煙霧劑的粒徑接近 MPPS。

9.4.3 歐洲的測試規範(European Standard EN1822)

這個標準已經很大程度的取代了測試高效率過濾網的 Eurovent 4/4 方法，且被使用在 HEPA 和 ULPA 過濾網。它提供一個方法同時可用於測試粒子的移除效率以及分類過濾網。

　　此測量方法與前述測試方法的一個重要不同處爲，對於待測濾材其最易穿透粒子大小(Most Penetrating Particle Size，MPPS)之測定，以及濾網在該微粒大小下的移除效率量測。如 9.3 節所討論，每種過濾網皆有特別最容易使粒子通過的粒徑大小，而決定此粒徑大小的變數包括，如過濾網濾材的纖維大小、濾材包裝密度以及氣流速度等。在 MPPS 測試過濾網是合乎邏輯的，通常介於 0.1 μm 和 0.3 μm 之間。

　　此種測試首先要決定所使用於濾網中濾材之 MPPS。因此必須在濾網通過流量一定時，且與其所對應之濾網表面風速一致時方可實現。然而，透過下列兩種方法可決定過濾網之效率：

- 洩漏測試，亦即局部效率(local efficiency)：完整過濾網的濾材被掃瞄，以測定濾材運作於額定流率時，通過濾材孔洞的漏氣量。

- 整體效率(overall efficiency)：在額定流率(rated flow)下，測定完整過濾網之效率。

濾網可根據其對於特定 MPPS 之粒子時的整體效率及局部效率，來進行分類。過濾網之分級如表 9.1 所示。

表 9.1　根據 EN 1822 法規之濾網分級

濾網等級	整體效率(%)	總穿透粒子比例(%)	洩漏測試效率(%)	洩漏測試穿透比例(%)
H 10	85	15	—	—
H 11	95	5	—	—
H 12	99.5	0.5	—	—
H 13	99.95	0.05	99.75	0.25
H 14	99.995	0.005	99.975	0.025
U 15	99.999 5	0.000 5	99.997 5	0.002 5
U 16	99.999 95	0.000 05	99.999 75	0.000 25
U 17	99.999 995	0.000 005	99.999 9	0.000 1

9.5 　高效率過濾網的掃瞄測試

　　非單向流無塵室中透過天花板的擴散型風口之供風空氣會與無塵室內空氣充分混合。故過濾網中小孔洞所產生的少量洩漏爲可容許，只要不要大到明顯降低過濾系統的總體效率，及影響空氣的清淨度。這是因爲某些少量穿透的微粒子通過濾網後將與區域中的空氣良好混合，因此將可以有些許的容許量。然而，上述的容許洩漏量在層流式無塵室中是不允許的，因爲此洩漏將釋放出一般微塵粒子至鄰近關鍵(critical)製程或產品區。爲了避免這些小孔洞的洩漏，濾網在工廠時即應以向上測試氣體加以掃瞄，並使用掃瞄探針(Probe)來回重疊地掃瞄整個向下面，以搜尋洩漏。這個方法非常類似於本書第 14 章所曾經描述過者，其中描述了當過濾網被安裝在無塵室後所必須進行的掃瞄工作。

9.6 高效率濾網之箱體

當高效率過濾網離開製造和測試的工廠時，必須有效的加以包裝。如果濾網可以經由恰當的包裝與運送，並且透過對濾網濾材細微性質非常熟悉的人員加以安裝，方可確保此過濾網之完整性。要檢查這件事，用第 14 章中所述的掃瞄法做過濾網的完整性測試。

為了確保沒有任何未經過濾的空氣進入無塵室，必須把過濾網裝配在一個經過仔細設計的箱體中。此箱體必須具有特定的隔音構造，並須特別注意箱體與濾網間的密封方法。

一般使用氯丁橡膠(Neoprene)來作為濾網框架的密封材料。這種施工方法如圖 9.1 所示。當過濾網安裝到箱體時，濾網的襯墊(gaskets)往下壓在箱體的平面上，因此可避免污染空氣之洩漏(圖 9.6)。此種方式通常可以安裝成功，但對於濾網框架或箱體在提供或安裝緊定時變形扭曲的話，甚至因襯墊老舊劣化時，皆會產生洩漏的現象。而較妥善完整的箱體設計將可以克服此類問題。圖 9.7 為使用在單向流無塵室之一般系統。在天花板網格架上具有連續之槽型通道並填入流體來達到密封的功能，由於此流體性密封物質有點類似果凍狀之物質，因此並不會流出槽型通道外。隨後將刀狀邊緣與濾網結合後，再置入充滿密封劑的槽型通道內。此流體圍繞刀狀邊緣流動而給予完全的密封，用以防止粒子經由濾網箱體處而進入無塵室中。流體密封式系統也可使用在沒有天花板格子的非單一方向流動無塵室。也有系統中的膠狀密封物質是放在過濾網而刀緣位在箱體上的。

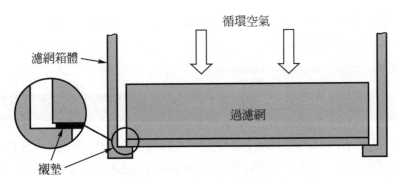

圖 9.6 傳統使用氯丁橡膠襯墊之密封法

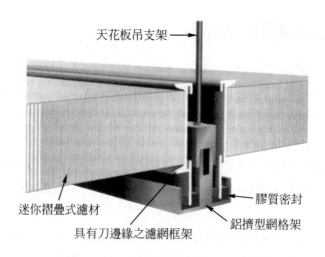

天花板吊支架

膠質密封

鋁擠型網格架

迷你摺疊式濾材

具有刀邊緣之濾網框架

圖 9.7　具流體性密封物質的天花板網格架

9.7 移除空氣中的化學污染物

　　無塵室中備有高效率過濾網以移除塵粒和攜帶微生物的粒子。然而，提供給無塵室的空氣可能正是化學污染物的來源，對於空氣中的化學污染物會引起問題的無塵室，則必須使用某些移除的方法。當空氣通過空調設備重新進入循環時，就有移除一些在無塵室內部產生之污染物的機會。少部份自外面的環境吸進來以供應無塵室的空氣，也可能是空氣中化學污染物的重要來源，特別是如果無塵室座落在一個已經遭到污染的區域。空調設備可以採用以下方法來處理這類的空氣：

- 吸附材料，如活性炭，離子交換化合物(ion exchange compounds)等。
- 光電子電離和靜電離子去除。
- 光催化氧化(catalytic photo-oxidation)。

誌謝

　　圖 9.1、9.2 及 9.7 經由 Flanders Filters 公司允許後再製使用。而圖 9.3 由 Evanitc Fiber 公司允許後再製使用。表 9.1 由英國標準學會(British Standards Institution)允許後再製使用。

10

無塵室之測試與監控

　　當一間無塵室建構完成且即將把它承交給業主時，或是廠房停工後將再次使用(某些系統修改將使無塵室的污染控制特性有所改變)，此時無塵室皆需接受測試。此初始測試的目的在於建立無塵室能正確地運轉，而且使污染源控制能達到當時設計的標準規範。這些標準出現在 ISO 14644-1 其中使用了 ISO 14644-3 所述的方法來測試無塵室。此外，此測試的第二個目的是要建構無塵室的基本性能資料用來當做一個基準點。當未來無塵室被檢查時，並遭遇到污染問題，可能會發現與原先條件有偏差，從而確認污染的可能原因。而最終且非直接的目的乃是訓練即將監控及操作無塵室的工作人員，讓他們能熟悉無塵室的測試。這或許是最重要的，而且可能是唯一的機會去了解無塵室是如何工作運轉，以及學習無塵室測試的方法，並且確保無塵室系統能持續且正確地運轉。

　　當無塵室在設計階段時依國際標準組織 ISO 14644-1 法規所完成的無塵室等級，須依國際標準組織 ISO 146442 法規定期地在每個不同時期進行檢測，並且能確認無塵室可持續地滿足此法規要求。　許多已建構好的無塵室交給使用單位後，往往忽略了確認當無塵室在運轉數年後是否還可維持達到當初清淨度的標準範圍內。因此必須進行定期性的測試，使得業主所購買的產品能確保符合它的使用目的。

　　就如當初在建造完工時檢測無塵室時需遵守 ISO 14644-1 法規，為使無塵室能正確地操作運轉，每隔一段時間也須依法規檢測無塵室，因此，對無塵室定期的的監控(monitoring)也是極為必要的。此監控對等級較差之無塵室而言也許不需要，但對於等級較高階之無塵室而言，為了確保在製程期間能維持正確的製程條件，極須藉由無塵室的監控才能達到。這個測試可以是連續的，或是較 ISO 14644-2 規定之更短的時間間隔間去執行。

大多被執行來測試初始效能、或展示遵守 ISO 14644-1 與否、或監控製程期間的無塵室之測試會相同，但也常發現初次測試更為廣泛且詳盡。

10.1　無塵室測試之原則

為了使無塵室有令人滿意的運作，應特別注意下列的原則：

- 供應足夠的風量(air quantity)可稀釋或移除無塵室廠房內污染物的產生。
- 無塵室內的氣流移動應從較清淨區域流向清淨等級較差的區域，如此可減少污染空氣的移動。氣流移動在走道及各無塵室間應有正確的流向。
- 供應至無塵室的空氣品質不會明顯地增加無塵室廠房內的污染。
- 在無塵室內的氣流移動時，應確定此區域內無高濃度之污染物。

倘若符合上述原則，那麼粉塵粒子濃度與微生物粒子將可正確地加以量測，並確認說明是否已達到要求的無塵室標準。

10.2　無塵室之測試

為了確保第 10.1 節的要求有滿足，如圖 10.1 之測試步驟應加以實施。於圖 10.1 中所看到的測試順序是，通常是新的無塵室在進行初始測試時採用的，但隨後的測試可以不用如此亦步亦趨的執行。

10.2.1　供風量與排風量

如果是亂流型無塵室系統，則應量測供風量與排風量。若是非單向流無塵室，則應量測氣流速度。

10.2.2　在不同區域間氣流移動之控制

能證明不同區域之間的氣流是沿著正確的方向在流動是必要的。氣流穿過走道及窗口等地方時，它的流向應是由較清淨區往較不清淨區域移動且不同區域之間的壓力差必須是正確的。

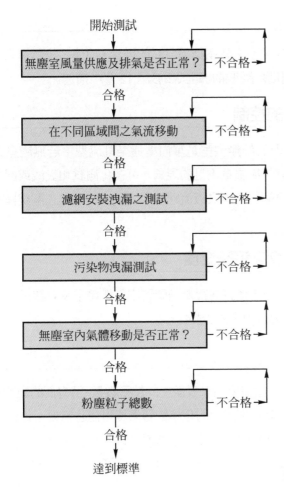

開始測試

無塵室風量供應及排氣是否正常？ —不合格→

↓合格

在不同區域間之氣流移動 —不合格→

↓合格

濾網安裝洩漏之測試 —不合格→

↓合格

污染物洩漏測試 —不合格→

↓合格

無塵室內氣體移動是否正常？ —不合格→

↓合格

粉塵粒子總數 —不合格→

↓合格

達到標準

圖 10.1 無塵室測試之步驟

10.2.3 濾網安裝洩漏之測試

高效率濾網及其框架應加以檢測，並確定無空氣微塵粒子污染物經由下列方式進入無塵室：

1. 已損壞之濾網。
2. 濾網與框架之間。
3. 在濾網安裝時任何其他的部分。

10.2.4　污染物洩漏之測試

執行此測試是爲了不可因爲無塵室之建築結構材料的因素，而使污染物進入無塵室中。例子有關於圍堵洩漏之發生和圍堵洩漏的測試法於第 12 章中描述。

10.2.5　無塵室內氣流流動的控制

空氣流動之控制測試的類型取決於無塵室是單向型還是亂流型。若無塵室爲亂流型，則須檢驗特別是關鍵區是否有氣流風量不足的現象。可視化測試和衰減或回復測試都可以使用。倘若爲亂流型，則須檢測室內之氣流速度及方向，特別是在關鍵區，是否符合設計要求。

10.2.6　空氣微粒子與微生物之污染濃度

假如以上的測試均可滿足，那麼最後將進行量測確認空氣微粒子及有機微生物之污染濃度，其應能符合原先無塵室設計時要求之標準。

10.2.7　其他之測試

除了上述的要求，某些無塵室可能需要測量表面上的粒子數量。這方面的說明在 ISO 14644-9 中可以找到。在空氣中和無塵室表面的化學物質濃度可能也需要予以測量，相關的說明分別在 ISO 14644-8 和 ISO 14644-10 中可以找到。

除了本章所述之污染控制測試外，可能還必須要滿足以下要求之一或以上：

● 溫度。
● 相對溼度。
● 系統之冷卻能力或加熱能力。
● 噪音。
● 照度。
● 振動。

上述之測試在本書並沒有很詳細地敘述，因爲有些測試的需求在空調區間已有所規範。關於這些測試的資訊可在各種建築設備書籍中取得，亦可參考由美國冷凍空調工程師協會(ASHRAE)所提供的法規，或英國建築維修工程師認證協會(CIBSE)之規定，以及其他國家的專業社群。

10.3　無塵室型式與操作狀態有關之測試

無塵室執行的測試種類取決於單向流、亂流、或混合流(指通風氣流型式為亂流式，但其擁有單向流箱體、工作檯、微環境、RABS、或無塵室內的隔離設施)。本章隨後將探討各種不同型式無塵室應有的不同測試需求。

測試可以在無塵室進行，當它是：(a)「完工」也就是空無一物的狀態，(b)「停機中」即室內有機器運轉的可能，但是沒有人員在場或(c)「運作中」。這些無塵室之操作狀態在本書的 3.4 節中已詳細定義。當無塵室完工後移交給使用單位業主時，其進行之初步測試通常是在所謂的「竣工」(as-built)狀態。同樣，當無塵室被全程檢驗而顯示遵守 ISO 14644-1 時，一般會在「停機」(at-rest)的操作狀態作測試；這會顯示出無塵室是正確運轉。然而，倘若無塵室被監控而顯示出，其室內條件為製程可接受，則將於「操作」(operational)狀態進行測試。在上述各種使用狀態下之測試種類是極為類似，但有些許的不同，此部份將會在未來幾個章節裡加以詳述。

10.4　再次測試以確認符合原設計要求

確認無塵室在其生命運轉週期中皆能符合並持續遵守當初設計要求之等級是極為必須的。因此，無塵室必須在某段時間內定期地接受檢測，而這些定期的檢測在某些潔淨等級要求較高的無塵室更須較為頻繁地進行。在國際標準組織 ISO 14644-2:2000 法規中，已規範了無塵室停置後待測前的最長測試間隔，以測試其仍然遵守 ISO 14644-1。在表 10.1 中已詳細地說明無塵室測試之最大間隔期限以及應進行測試之種類。

表 10.1　展現符合原設計要求的測試進度

測試參數	等級	最大間隔時限
依微粒子總數來確認	≤ ISO 5	6 個月
	> ISO 5	12 個月
其他額外的測試行程		
氣流速度或流量	所有等級	12 個月
壓力差	所有等級	12 個月
選擇性之測試行程		
濾網安裝洩漏	所有等級	24 個月*
氣流可視化	所有等級	24 個月*
系統回復測試	所有等級	24 個月*
污染物洩漏	所有等級	24 個月*

*為建議測試間隔期間

其中，第一個要進行之測試為粒子濃度之測試，此測試必須證明無塵室能夠持續地遵守 ISO 14644-1 之規範標準。而且對於無塵室清淨等級小於等於 ISO Class 5 者，則其最大間隔測試期限為 6 個月；而對於清淨等級超過 ISO Class 5 者，則最大間隔測試期限為 12 個月。粒子總數測試，一般是在無塵室「at-rest」之狀態下進行，但也可能在「operational」之狀態下也可能必須接受測試。若無塵室中經常有持續或頻繁地進行微粒子數與壓力差之監控時，則其間隔期限依據 ISO 14644-2 法規將可允許延長。

當無塵室有某些特殊之應用需求時，可增加「額外」測試來檢驗滿足設計要求。包括氣流速度、風量及壓力差等測試。而這些測試之最長間隔期限為 12 個月，雖然配合粒子計數及空氣壓力差，且假如無塵室有持續且頻繁地進行監測，則測試之間隔期限將可再延長些。

假如在業主與施工單位雙方的同意下，依 ISO 14644-2 法規也允許對無塵室進行某些「選擇性」測試。而此類測試之最長間隔期限為 24 個月。然而，在上述的種種狀況下，大都僅是建議的測試期限。選擇性測試如下：

● 過濾網之完整性洩漏測試。

● 氣流的可視化測試以證明無塵室中的氣流流動是正確的。

● 回復率測試以證明任何散播到空氣中的污染都能有效地去除。

● 污染漏氣測試以顯示出，流經無塵室結構之空氣移動方向正確，亦即從乾淨流到較不乾淨。

以上所有的測試將在本書隨後各章節中陸續地加以討論。

應該指出的是 ISO 14644-1:1999 和 ISO 14644-2:2000 在這本書出版的時候正在修訂中，有可能會變動分類及測試的要求。當新版本的標準發布時建議優先參用。

這本書後續章節所提供關於無塵室測試的資料，主要取自 ISO 14644 系列的標準。但是，你會發現藥政管理(載於文件如 EU GGMP 與 FDA Guidance)預期可能會有更嚴格的要求。凡是出現這種情況，監管性的要求都應該要派上用場。如果所要採用之測試方法的醫藥文件中並沒有提供任何相關的說明，ISO 14644 系列標準中所寫的方法一般都會為管制人員所接受。

10.5 無塵室之監控

　　為了證明無塵室能持續地遵守國際標準組織 ISO 14644-1 之法規標準，對於各種檢測之間隔期限以及應進行何種檢測等，皆在 ISO 14644-2 法規中有詳細說明。對於較高潔淨等級要求之無塵室，潔淨度是產品製程極為重要之一環，因此需要更進一步地進行測試與監控。如此將可證明無塵室之製程條件為可接受且在控制之中。

　　無塵室中較為可能變化而須加以監控之變數為：

● 空氣壓力差。

● 送風量。

● 空氣微塵粒子總數。

● 微生物落菌數(若需要時)。

空氣壓力差及供風量可利用測量裝置來量測及連續記錄。此種測試在潔淨等級較高之無塵室是極為必要的，例如 ISO Class 4 或等級更高者。假如監控時品質較差之無塵室，測試間隔可為每日、每週、每月，每三個月或每六個月等，無塵室分類等級越乾淨時，間隔要越短。

　　微塵粒子數之量測與記錄，也是採用前述討論的標準。應注意到，在監控微塵粒子數時，並不預期要依照 ISO 14644-1 的分類，在其要求的位置的數量或佈局下進行。吾人可在無塵室中之重要位置(可能僅是在四周，而非依法規之區劃)來選擇監測點，故其監測點可能更少，或許極可能非均勻地但則要地分佈在四周等。對製程是極為重要的監控位置點應選在，如靠近製程產品可能遭受污染之區域。

誌謝

　　表 10.1 中的資料是遵守 ISO 14644-2 法規所製成，並且經英國標準協會(British Standards Institution)之允許而重製。

Measurement of Air Quantities
and Pressure Differences

無塵室風量
與壓力差之量測

完整的無塵室應有足量清淨空氣之供應，以便稀釋(dilute)並移除(remove)室內所產生的空氣污染物。在多向氣流型無塵室的潔淨度分級直接根據空氣的供應量和品質來決定; 在一定時間內新鮮空氣的供應量越大，無塵室越潔淨。而在單流型無塵室中，其無塵室等級主要是依送風氣流之流速而定。送風量與氣流流速在無塵室設計階段就已經決定了。因此有必要在無塵室移交給業主之前，以及在整個無塵室的生命週期期間，定期性地驗證空氣供應量的正確性。

為了確保一群無塵室的空氣是從最潔淨的無塵室流轉到其旁邊較不潔淨的無塵室再進入四週潔淨度不受控制的建築物，這群無塵室會被加壓，最潔淨的無塵室會有最高的壓力。達成這個要求所需的空氣流動方式以及壓力差將在本書的第 5.1.5 節討論。

11.1　風量

當一群無塵室的施工已接近尾聲，會開始試運轉，而工作如精確的測量與調節供氣量、將空氣抽取到每一間無塵室等都必須實施。然後需要定期地予以檢查所提供給無塵室的空氣量是否正確。這種測試通常借助空氣量測量罩和風速計來達成。

11.1.1　用於測量空氣速度和空氣量之儀器

■ 11.1.1.1　葉片式風速計

　　這種類型的風速表其工作的方式就像一台風車，空氣的流速越高其葉片轉動的越快。葉片的每次轉動都會被記錄下來，其轉動頻率會轉換成速度。如圖 11.1 所示為一典型的葉片式風速計。

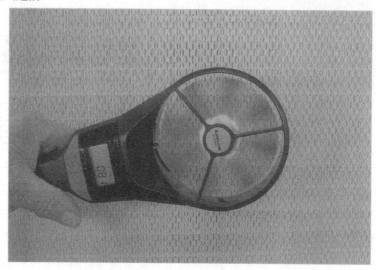

圖 11.1　葉片式風速計

葉片式風速計是個堅固的儀器，不過如果空氣的流速低到 0.2 m/s(40 ft/min)或更少，其轉動零件的機械性摩擦力反而會妨礙了葉片自由地轉動，從而導致儀器的讀數失準。

　　葉片風速計可以是刻度指針型，或數字讀數型。指針型風速表提供即時的讀值，但數字讀數型可以平均出一段較長時間的速度值。平均速度是一個有用的功能，因爲無塵室空氣的速度是上下波動的，除此方法之外可能很難獲得正確的平均速度。利用一個平均過的數字讀數也避免了過度樂觀的讀數，而這個高讀數可能會被誤爲是正確的讀數。

■ 11.1.1.2　熱線式風速計

　　熱線式風速計(thermal anemometers)藉由氣流流過儀器頭端時的冷卻效應來測量速度。有許多不同的類型，其中一個類型的例子如圖 11.2 所示。

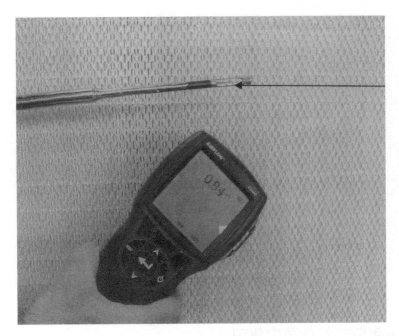

圖 11.2　熱線式風速計

大多數類型的熱線式風速計都使用珠狀型熱敏電阻，因其冷卻的速率與送風的風速成正比。空氣的風速是讓珠子保持在恆定的溫度所需的電能量來計算而得。為了補償任何氣流溫度上的波動，探測頭的電路額外的加入了一個不受熱的熱敏電阻。

　　在某些熱線式風速計的製作上，探測頭會放在伸縮管的末端。這樣的方式讓風速計能測量送風管內的風速。這也能讓身處無塵室而使用風速計的工作人員可以調整自己的所在位置到不會影響被測量之氣流的方向和速度之處。

　　採用熱線式風速計測量低的風速會讓人更有信心，因而它們適合於無塵室的內部空間使用來偵測氣流。它們不像葉片風速計那麼強固，但是在合理的維護下，它們將能用上很長的一段時間。

11.1.2　量測罩

　　圖 11.3 所示的測量罩的類型經常被用來測量無塵室內的供氣量。該罩被放置在供氣之擴散口或過濾網的末端，以收集空氣，然後在出口處測量。應該指出的是，供氣擴散口的類型可能會影響空氣離開出口時的樣子，並影響到測量的結果。特別是，渦漩式擴散口之出口的外徑緣會有較高的氣流速度，這可能會造成讀數偏高的現象。

圖 **11.3** 在無塵室的供氣擴散口使用罩

11.1.3 無塵室空氣品質之量測

■ 11.1.3.1 單向氣流型無塵室

一個單向氣流型之無塵室的潔淨程度受到單向氣流速度高低的影響,因此應該測量的是氣流的速度,而不是氣流的供給率。ISO 14644-3 建議量測速度之位置的數目應該是以平方公尺為單位時之濾網面積(或牆壁)乘以 10 後的平方根,且不應低於 4。這些測量位置應均勻地佈放在濾網各區。

風速計通常靠近過濾網網面來測量空氣的流速,但也要足夠遠,以便讓從濾網出來的不均勻和噴射的氣流變得更加均勻。對於葉片風速計這特別是個問題,問題在於,如果它被直接放在過濾網的網面前,速度讀值大約會偏高 25%。ISO 14644-3 建議,應該距離過濾網的網面前方 15 cm 至 30 cm 之處來測量氣流。我們發現距離為 15 cm 時,提供的讀數最準確。

■ 11.1.3.2 多向氣流型無塵室

多向氣流型無塵室的潔淨方式與送風量的多寡有關。輸送給無塵室的空氣供應量可以用量測罩或風速計來測量。量測罩可以直接量測空氣的供應量,這個方法已經在第11.2.3 節介紹過了。但是,如果風速計是被用來計算送風量的話,應採用以下方法。

　　在多向氣流型無塵室，空氣是透過在天花板上的過濾網輸送進來，常常是通過空氣擴散口。如果空氣是通過擴散口送出來，空氣出來時會以不同的速度向四方放送。因此不可能測量這所有速度的平均值。為了克服這一點，應該拆掉擴散口，並且距離過濾網網面 15 cm 的前方使用風速計來測量過濾網網面的平均風速。這個平均值可以沿著過濾網各個「有出風的」部份來採集，也就是說，是濾材而不是網框，或藉著掃瞄過濾網網面「有出風的」部份。然後量測過濾網網面「有出風的」部分，然後使用方程式 11.1 計算送風量。

方程式 11.1

　　　　空氣供應量(m^3/s) = 空氣平均速度(m/s) × 濾網表面積 (m^2)

正如在第 5 章解釋過的，一個多向氣流無塵室的潔淨程度以空氣供給率$(m^3/s$ 或是 m3/h)，比使用每小時的換氣量來測定會更準確。然而，以每小時的換氣量來報告空氣的供給狀況是很常見的。知道了空氣供給率與無塵室的體積，每小時的換氣量可以用方程式 11.2 來計算。

方程式 11.2

　　　　每小時的換氣量 = 每小時的空氣供應量(m^3/h) ÷ 無塵室體積(m^3)

例題：

　　空氣經八個終端過濾網送入無塵室，過濾網的有效過濾面積是 0.585 m × 0.585 m，即表面積為 $0.342\ m^2$。距離過濾面 15 cm 測得過濾網面的平均速度為 0.45 m/s。無塵室大小為 8 m × 8 m × 3.5 m。請問：(1)空氣供應量和(2)每小時換氣量是多少？

(1)　使用方程式 11.1，
　　　每個過濾網供給的空氣體積(m^3/s) = 過濾網的表面積(m^2) × 在網面的空氣平均速度(m/s) = 0.342 × 0.45 = $0.154\ m^3/s$
　　　全部濾網供給的空氣量 = 0.154 × 8 = $1.232\ m^3/s$ = $4435\ m^3/h$

(2)　無塵室體積 8m × 8m × 3.5 m = $224\ m^3$
　　　不過，已知供給予無塵室的空氣量等於 $4435\ m^3/h$。因此，藉由方程式 11.2，
　　　換氣量/小時 = 4435 ÷ 224 = 19.8

11.2　壓力差之測試

　　確保無塵室之氣流會由較清淨區往較差區域移動是極為必要的，而不行有反向情況。壓力之量測是採間接量測的方式進行，因為氣流是由高壓處往低壓處流動。潔淨等級較高的無塵室其壓力遂應比清淨等級較差之鄰近區域為高。而壓力差之量測單位為巴斯卡(Pascals)，某些英制單位如英吋水柱(inch water gauge)有時也被採用(12 Pa = 0.05 inches water gauge)。通常兩無塵室之間的壓力差為 10 Pa 是可以被接受的，而無塵室和潔淨度未受管制房間之間的壓力差是 15 Pa。

　　通常在嘗試建立由大型通道所連接的兩區域間(如供料隧道)之壓力差時會遭到某些問題。為了達到此建議的壓力降，可能必須使用極大的送風量來流過隧道(即使開口處有所限制)。另一種替代性的作法是使用較低的壓力差而 ISO 14644-4 建議這壓力差可低至 5 Pa。只要能滿足主要的需求，亦即氣流方向永遠正確(如煙霧造影測試所示)，使用較低壓力差其實是相當合理。然而，可能在爭論其正確性時難以說服每個人，因此，遵守無塵室標準法規所訂下的較高壓力差要求將是必要的。

11.2.1　壓力差量測儀器

　　壓力錶(manometer)壓力差讀值範圍可在 0 到 60 Pa 之間(0 到 6.35 mm 或 0 到 0.25 in water)，此為一般量測兩區域間壓力差之所需。而壓力錶通常可分為：斜管式壓力錶(inclined manometer)、磁針式壓力錶(magnehelic gauge)與電子式壓力錶(electronic manometer)。

　　斜管式壓力錶。工作的原理是較高的空氣壓力推動一根漸斜管內的液體。斜管式壓力錶沿梯度方向改變，如圖 11.4，使得它能夠測量小至 60 Pa 的壓力差，當斜管傾向垂直方向時壓力差可達 700 Pa。這一型的壓力錶因而可用於兩種完全不同的無塵室應用，即用於測量兩個區域之間的壓力差，這壓力差可能是 10 或 15 Pa，或測量高效率空氣過濾網前後之壓降，這壓降可達 100 Pa 至 500 Pa。

　　磁針式壓力錶。如圖 11.5 所示為一磁針式壓力錶，其工作原理是壓力作用在隔膜(diaphragm)裝置上。因而使得錶上的指針移動，而且此移動乃是經由電磁連動裝置所產生之動作。

　　斜管或磁針式壓力錶面板常安裝在無塵室的外側，以便容易觀察與檢測其壓力差。此外，壓力也可藉由電子訊號的傳送，經由壓力錶傳至無塵室之管理監控系統。

　　電子式壓力錶。它能以不同的方式工作，但不同於前兩個用電子方式提供數字壓力讀數的壓力錶類型。電子式壓力錶以其輕巧、堅固耐用，便於攜帶而適於現場測量。如圖 11.6 所示爲一典型的電子式壓力錶。

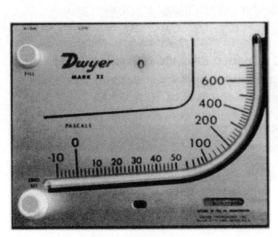

圖 **11.4**　斜管壓力錶

圖 **11.5**　磁針式壓力錶

圖 **11.6**　電子式壓力錶

11.2.2　壓力差之檢測方法

　　為了檢測不同區域間之壓力差，所有空調設備之送風量與排風量皆必須是正確的，而且無塵室內所有門都必須適時地關上。假如壓力差需要調整，則應先減小室內之排氣量來增壓，隨後再經由開大排氣量而降低壓力。這些調整是最好由專業公司來做，因為在無塵室的壓力變化很可能會招致其他無塵室群中的某間無塵室出現壓力差。

　　假如壓力錶並不是屬於永久式地安裝，則可以壓力錶之管路由門下方通過，或經由一旁通格柵或擋板而進入鄰近的區域。管子的末端必須離門夠遠，以免記錄到從門縫溢流進來的空氣壓力，並應注意管子不要因扭曲或陷住而堵塞了。這樣的壓力差讀值才可被記錄下來。

誌　謝

　　圖 11.4 與 11.5 經 Dwyer Ltd 同意再製使用。

12

Air Movement Control:
Containment, Visualisation
and Recovery

氣流之移動控制：
控制、可視化與回復

　　有時有必要測試一間無塵室以驗證無塵室之內或是各無塵室之間的氣流是正確的。這可以用下述的測試來驗證：

1. 遏止洩漏測試以驗證沒有任何來自較低度潔淨區域之空氣所攜帶的污染進入無塵室。
2. 可視化方法以驗證空氣是沿著正確的方向流動。
3. 回復率測試以證明在多向氣流型無塵室受到污染後能迅速地將空氣攜帶的污染移除。

現在討論這些測試。

12.1　無塵室遏止洩漏測試

　　為了證明無塵室能正確地運作，吾人必須證實沒有任何污染物由鄰接之較低度潔淨區域滲透到無塵室內。空氣污染物可能由無塵室鄰近潔淨度較低之區域的門、窗戶、牆壁的間隙裂縫、天花板或其它無塵室結構處等進入無塵室。假如無塵室於所有鄰接區域之處都正確地加壓，則氣流將流動至壓力較低的區域。但是一些與無塵室相鄰的區域，例如經由維修管道而連接至該無塵室的充氣室或是低度潔淨區域，以及那些壓力比該無塵室更高的地方，都有可能會污染該無塵室。

上述之問題可以由圖 12.1 所示之例子來加以說明。由圖中可知，垂直單流型供風系統之氣艙其未過濾空氣之壓力較無塵室內為高。所以污染物可能由下列方式進入無塵室：(a)天花板與牆壁之接面，(b)濾網與被天花板或照明框架等之接面，(c)天花板與樑柱之接面，(d)天花板支架之外覆層。其它洩漏的問題可能發生在維修氣艙與進入無塵室維修之連接處。例如，電氣式插座、開關與其他供給口，可能由導管及風管而連接壓力高於無塵室之污染區域。在負加壓的控制無塵室做污染控制特別困難，因為負壓力會吸引其他相鄰區域的污染，也因此在構造上必須注重防漏。

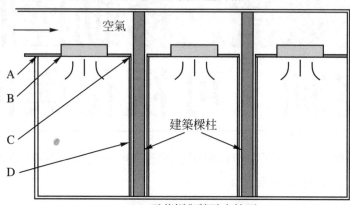

A：天花板與牆壁之接面
B：天花板與濾網框架之接面
C：天花板與樑柱外覆層之接面
D：樑柱外覆層

圖 12.1 供氣艙之洩漏問題

12.1.1 檢查滲透的洩漏測試

測試氣流移動是否以正確的方向穿過開門處或關門時的縫隙是一個相當簡單的工作。這可以透過產生煙霧並觀察氣流將之攜往何處的方式來達成。但是，為了確保沒有任何不必要的空氣污染通過無塵室的結構，則必須檢查牆壁、天花板和地板的裂縫。這通常會發生在交疊處或接頭，以及穿過無塵室內部結構的維修孔。

測試煙霧可引入預期的污染產生區，以及粒子計數器掃瞄出的可能滲透區域。此並非一項容易的工作。因污染物源之處並不易獲知，且通常不易找到釋放測試煙霧的地方。在這些情況下，掃瞄鄰近污染區域飄來的污染粒子以發掘任何問題應該就夠了。如果這些情況下並沒有出現任何粒子，那麼這樣的問題可能不太嚴重。

　　無塵室內之污染物洩漏測試應在承交給使用業主前，或是當主要重建工作已完成後，即應已完成。國際標準組織 ISO 14644-2:2000 無塵室法規中，明訂污染洩漏 (containment leak)測試為「選擇性」(optional)測試，並且建議每兩年測試一次(如表 10.1 所示)。

12.2　無塵室之氣流移動控制

　　作為測試程序的一部份且為了確保無塵室能正確地運轉，無塵室內應進行氣流移動之檢測。吾人須檢測無塵室是否有充足的氣流去稀釋或移除空氣污染物，藉以防止污染物的產生。

　　在多向氣流型無塵室，空氣的供應和混合是隨機的。無塵室每個區間應都達到良好的混合方式，以確保透過排風而移除污染物。良好混合在關鍵區域(critical areas)是特別重要，因為此時產品有污染的風險。

　　在單向氣流型無塵室為了保有最清潔的狀況，必須提供關鍵區域以直接來自高效率過濾網的空氣。然而，有可能遭遇下列原因而出現某些問題：

- 機械產生的熱干擾了氣流。
- 障礙物阻礙了供風至關鍵區域。
- 障礙物或機器的外形，把單方向的氣流攪亂成多方向的隨機性氣流。
- 污染物被引帶進入清淨空氣中。

由於有這些潛在的問題，因此有必要驗證來自人員或其他污染源的污染不會因此進入關鍵區域。氣流可視化(visualizing)將可驗證上述這些問題是否存在，以及其多可能在關鍵區導致污染物的增加。

12.2.1　氣流移動之可視化

　　有許多種方法可用來觀察無塵室內之氣流。這些方法可概略分為下列幾類：

1. 流線飄帶(streamer)。
2. 煙霧或粒子氣流。(smoke or particle streames)。
3. 流速及方向的量測。

圖 12.2 繫在風速計的「FlowViz」尼龍線流線飄帶

■ 12.2.1.1 流線飄帶

流線飄帶的型式是利用細線或帶子來觀察氣流。最好的型式是那些具有很高的表面面積與重量比者。這種帶子比較容易受到氣流的吹動與被看見。細的錄音帶或鬆鬆的捲線可用來當飄帶使用。一個使用流線飄帶的有效方法是將它繫於風速計的尾端。然後，當測量某一特定地點的速度時，它可以被用來確認氣流的流向。流線也可安裝在類似稍後討論之格網上(12.2.1.3 節)。

流線飄帶會指出氣流的方向，但由於其本身具有重量的關係，它們流動的方向並非與空氣的流動方向一致。而此問題隨氣流速度的降低而更形嚴重。當有一水平氣流之風速約 0.5 m/s(100 ft/min)時，才可將一般的流線吹至與垂直方向呈 45 度夾角，而須速度約 1 m/s(200 ft/min)才可使流線呈現幾乎同氣流之水平方向。

■ 12.2.1.2 煙霧或粒子氣流

有一些方法適用於產生煙霧或粒子氣流，以顯示無塵室之氣流狀態。使用乙二醇或丙三醇基液體的煙霧產生器類型最常用。這些產生器與迪斯可舞廳和劇院所用的煙霧產生器非常相似或是完全一樣的。它們對操作人員的健康影響微乎其微或根本沒有，當然該產品的風險還是必須要先評估過。圖 12.3 所展示的是一個這種類型的小型煙霧產生器。它的價格低廉，且會產生連續性的煙霧，煙霧量的多寡取決於產生器的大小。

　　手持式煙霧產生器也可使用乙二醇或甘油來產生縷縷的煙霧。一個這種類型的例子是圖 12.4 所示的正在檢查在車門下的氣流。

圖 12.3　用於產生一堆煙霧的儀器

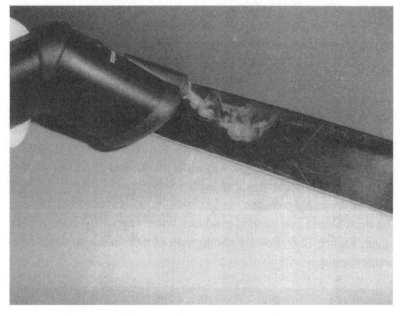

圖 12.4　用以產生縷縷煙霧以檢查門下之氣流的儀器

經由使用以上描述產生煙霧的方法，在無塵室內的氣流將變成可視化，而且吾人可輕易地找出氣流移動較差的區域。單一「噴」、「流」，「多流」或「雲」都可以使用。吾人可經由目睹氣流移動狀態而獲得充足的資訊，若需要永久的記錄保存時也可以利用攝影機來達成。

某些無塵室無法接受煙霧會在表面沉積而引起污染的危險。在這種情況下，水蒸汽可作為一個無污染的替代品並使用冷凍二氧化碳(乾冰)或液態氮水蒸汽製造系統，或霧化水來產生。

固態二氧化碳系統的工作原理是在一個密封的容器中使用電加熱元件來將水的溫度升至沸點左右。然後將乾冰降低或丟進水裡。乾冰，它的表面溫度為零下 79℃，直接被熱水轉為氣體且產生的水蒸氣會經由瓶的噴嘴隨同二氧化碳氣體一起噴出。

液態氮會在零下 196℃ 這個非常低的溫度沸騰。低溫的氮氣將空氣的溫度拉低，造成空氣中的水分被凝結了。圖 12.5 所展示的是液態氮從 Dewar 瓶經過一根管子被釋放出來時所伴生的水蒸汽。可以使用煮沸過水的器具，然後以非常冷的氮氣流將之冷凝來改善水蒸汽的數量和品質。

第三種替代的方法使用噴霧器(nebuliser)或製霧器(fogger)來產生水蒸氣。圖 12.6 之照片是一個可產生水蒸氣的噴霧器。

圖 12.5 使用液態氮產生的水蒸汽

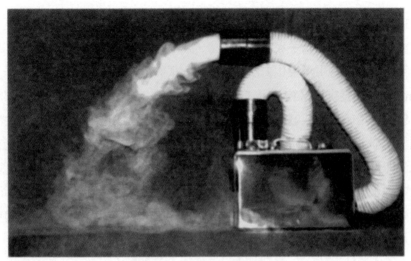

圖 12.6　製造水蒸汽的霧化器

　　在多向氣流型無塵室會發現，測試用的氣流會很快消散到無塵室的空氣中。不過，多向氣流型無塵室須仰賴隨機流動的空氣與任何污染徹底混合之程度並從排氣口將之排除。如果測試用的煙霧迅速消散，那麼這表示無塵室的通風良好。煙霧無法消散的地方就是空氣污染會建立起來的地方，重要的是，這些地方不可以是產品會暴露於外的關鍵區域。假如有需要，氣流的混合可藉由調整擴散型出風口之葉片、移除障礙物、搬移機械或類似的方法來加以改善解決。

　　在大多數的無塵室，會採用單向性氣流來保護那些產品會暴露於潛在污染的關鍵區域。可能的型式是全單向氣流型無塵室，或單向氣流型機櫃或機箱。當氣流是單向的時候，空氣沿著直線方向移動，煙霧消散的程度遠低於多向的空氣流動，因此，氣流更容易被看到。在單向氣流型系統，理想情況下，自過濾網送出來的空氣應流暢地通過關鍵區域且找不出由人員與機器攜帶過來的粒子和微生物粒子。FDA Guidance 和 EU GGMP 兩者都提供良好建議於哪些是不可或缺的。

　　FDA Guidance 建議：「合理的設計和控制能防止關鍵區域內出現擾流與停滯的空氣。一旦建立了相關參數，至關重要的是針對那些可以作為空氣污染物的通道或滯留區之擾流或渦流的氣流樣式進行評估(例如：來自一個相鄰的較低管制區域)。在關鍵區域應進行現場氣流樣式分析以驗證單向氣流的掃掠動作且在動態的狀況下不會欺近產品。這些研究應該以書面文字寫下結論，並且納入對無菌操作(例如：介入治療)和設備設計之影響的評估。錄影帶或其他記錄裝置在剛開始評估氣流時以及幫助後續設備配置之評估是很有用的工具」。

EU GGMP 有個要求是須驗證氣流的樣式確實不會存在污染的風險。該要求建議：「應小心確保氣流不要將粒子從粒子產生者、操作或機器散播到更高風險的產品區域」。

單流氣流的一個有用可視化方法，是利用一根直徑約 2.5 cm(1 inch)的管子，約每隔 10 cm(4 inches)，鑽整排對齊約 2 至 3 mm 直徑的小孔。此管子擺設好並由煙霧產生器供給煙霧。無論是用於舞廳或劇院的產生器類型(圖 12.2)，或是用於濾網完整性測試所需的測試類型，都可以使用。產生器可能需要一個空氣泵以推送煙霧通過管道上的洞孔。此煙霧氣流即可連續地由管子中流出，並提供吾人清楚地觀察到層流狀態。可經由照相取得氣流之靜止圖像，但由於煙的擴散一般而言並不是很清楚(所以此處未顯示)。若能以動態攝影方式來捕捉氣流之影像，將可提供最佳之呈現。而且，假若能關閉無塵室內之燈光，並以整列的燈光加強照射煙霧，將可大幅地改善所攝影之影像。

■ 12.2.1.3 氣流速度與方向

無塵室內氣流之永久記錄，可藉由針對無塵室剖面所量測之速度及方向而獲得。在無塵室內設定一些格點將有助於量測。分格線可用粗線，如釣魚者常用的 4 磅尼龍，串起整個分格線。

此細線須在每個間隔作上記號，例如： 每隔 10 或 20 cm(4 inches 或 8 inches)，以便於在每個測點皆可量測到氣流速度及方向。而其量測可利用具有多方向性(multidirectional)量測功能之風速計來完成，某些儀器可在 X 軸和 Y 軸方向獲得氣流速度，也有些可量得 X 軸、Y 軸及 Z 軸之速度。這些風速計價格昂貴，而一個簡單的熱線式風速計加上指示風向的流線飄帶可得到相當不錯的結果，特別是如果氣流是單向的。

圖 12.7 所示為來自單流罩蓋濾網之單流型氣流的速度及方向之二維表示。此系統之濾網供給面積為 3 m × 3 m(10 ft × 10 ft)，且具有部分側壁，會使氣流在距地板 2 m (6 ft)處停止，而非一直流下至地板附近高度。排氣口位在天花板的罩蓋外側。只有一半的系統被展示出來，另一半是鏡子的影像。而在圖上箭頭的長度表示氣流速度之大小。這張圖顯示，下衝的單向氣流有足夠的速度到達工作檯面，而通往排氣口的氣流路徑阻止了來自罩蓋外側的污染物被夾帶進入潔淨區，從而污染了任何潔淨區工作檯面已完成的產品。

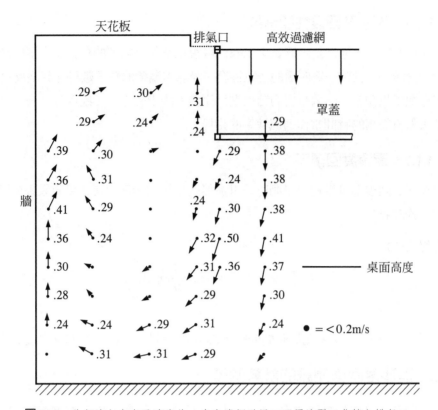

圖 12.7　此氣流之方向及速度為一來自濾網送風口至層流型工作檯之排氣口

12.3　回復測試方法

上一節中描述過的可視化方法的是種定性的方法，可以用來顯示有足夠多的潔淨空氣進入到關鍵區域。一種定量的方法，稱為回復測試，也可用於此，這方法說明於 ISO 14644-3 和 EU GGMP。

12.3.1　ISO 14644-3 回復測試方法

ISO 14644-3 包含了一個如何將受到污染的區域快速地恢復之方法的說明。這是藉著測量空氣中所攜帶之粒子的衰減率，衰減越快驗證受測區域的空氣越清潔，亦即無塵室的工作環境越好。這種衰減法被認為只適用於多向氣流型無塵室而不是單向氣流型的無塵室。ISO 14644-3 包含兩個測試方法被稱為「潔淨度回復性能(cleanliness recovery performance)」與「潔淨度回復率(cleanliness recovery rate)」。這些都可以在「完工」或「停止生產狀態」的運作狀態下進行。

■ 12.3.1.1 潔淨度回復性能測試

測試用的粒子，通常是由測試過濾網或可視化空氣之類型的粒子產生器所產生，被送入受測區域。一旦粒子與四周的空氣混合，空氣中攜帶的粒子數目在其濃度衰減的期間會定期地予以測量。一個有用的結束點是原濃度的十分之一，或百分之一，以及達到這些結束點所需用的時間當作通風效率的指標。

■ 12.3.1.2 潔淨度回復率

潔淨度之回復率可以藉由量測粒子引進無塵室後的衰減率之通風效果來檢驗，且可從下述公式計算：

方程式 7.1

$$潔淨度之回復率 = -2.3 \times \frac{1}{t} \log 10 \left[\frac{C_1}{C_0} \right]$$

其中：

t = 第一次和第二次量測的時間間隔，C_0 = 初始量測，C_1 = 時間 t 之後的濃度

12.3.2 潔淨度回復測試的計算例子

在一間多向氣流型無塵室進行回復測試。空氣是經由已接受過完整性測試之終端 HEPA 過濾網所流入室內，因此不會朝向無塵室的空間中散播任何粒子。在這個例子中，空調主機已關閉，測試用粒子於 5 秒爆出後被送入一台風扇的風流中並進入無塵室與空氣完全地混合。啓動空氣供應然後在組裝產品之無塵室內測量空氣中的粒子。粒子的數目隨著時間的經過來量測，所得的結果列於表 12.1。

表 12.1 隨著時間變化的粒子的濃度

粒子濃度	時間(min)
100000	0
50000	2
10000	6.5
5000	8.5
1000	13

現在可以計算回復性能與潔淨度回復率。

潔淨度回復性能

從表 12.1 可以看出粒子濃度從 100,000 粒下降 10 倍到 10,000 粒所經過的時間約 6.5 分鐘，而下降 100 倍至 1000 粒約經過 13 分鐘。這些是 ISO 14644-3 所要求的結果。

潔淨度回復率

粒子濃度由 100000 下降至 1000 的時間示於表 12.1 而為 13 分鐘。

$$\therefore 潔淨度回復率 = -2.3 \times \frac{1}{13} \log 10 \left[\frac{100\,000}{1\,000} \right]$$

$$= -2.3 \times 0.077 \times 2$$

$$= -0.35 / 分 = -21.3 / 小時$$

因此潔淨度回復率是 21.3/小時

12.4　EU GGMP 規定的回復率

EU GGMP 指出「表(本書的表 3.4)中所列之『停止生產』狀態下的粒子濃度，應該在運轉完成後無人狀態下於 15-20 分鐘(指導值)的『清理』時間內達到」。

這項 EU GGMP 規定使用頗類似於上述描述之測試方式來測試。然而，不是將人工測試用的粒子送入無塵室，而是使用自然浮現的粒子。空氣攜帶粒子的濃度是於生產作業停止和人員撤離之後立刻透過粒子計數器來計數(通常粒子 $\geq 0.5\,\mu m$)。然後測量在「停止生產」的狀態下粒子濃度衰減到根據所調查之無塵室等級所要求之濃度的經過時間。該時間應少於 15 至 20 分鐘。

誌謝

圖 12.6 經 Clean Air Solution 公司之允許而重製。

13

Filter Installation
Leak Testing

濾網安裝之洩漏測試

　　無塵室測試程序的某些部分是用來判斷高效率過濾網,以及安裝它們的箱體沒有任何漏縫可讓懸浮於空氣的污染物進入無塵室。

　　無塵室中所安裝的高效率過濾網應在製造廠商工廠中就已經測試並包裝完成,因此,它們應該在到達建築工地時沒有任何的破損。然而,事實並非如此。當過濾網拆開和裝配到過濾網箱體時極可能出現損壞。在使用的過程中也可能出現洩漏。

　　在圖 13.1 中顯示了安裝過濾網時較常產生洩漏的區域,而這些錯誤將會造成污染的洩漏空氣經由過濾網而進到無塵室裡。

　　除了過濾網會洩漏,也可能過濾網的襯墊和過濾網的箱體之間存在縫隙,而受到污染的空氣可能會從襯墊洩漏進無塵室內。這問題如圖 13.2 所示。為了盡量減少這種類型的洩漏,可使用如圖 13.3 所示的密封膠類型的過濾網箱體。然而,在價格上會更貴一些。

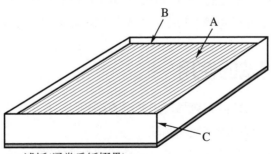

A:濾紙(通常為紙摺疊)
B:濾紙到箱體膠合劑的區域
C:框架接頭

圖 13.1　高效率過濾網的可能洩漏區域

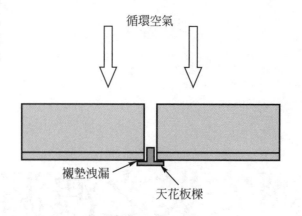

圖 13.2　濾網襯墊的洩漏

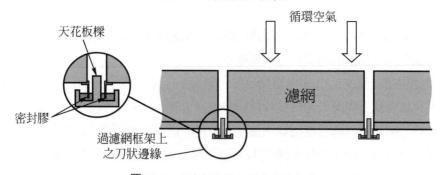

圖 13.3　過濾網箱體之膠合密封方法

　　針對高效率過濾網及其箱體而進行無塵室洩漏測試時，會使用人造測試氣膠(artificial test aerosol)。會由一個氣膠微粒產生器(aerosol generator)來產生粒子，並注入風管系統中，以便在高效率過濾網的上游端可產生合適的測試粒子濃度。再對下游的無塵室作濾網系統之掃描而得知測試粒子之洩漏情形，藉此可發現可能問題。

13.1　氣膠測試的使用

　　在吾人討論有哪些人造測試氣膠可用於過濾網測試之前，事先該想一想是否所有等級的無塵室都有必要進行過濾網洩漏測試。

　　在較低等級或潔淨度等級要求較低之無塵室中(有時候為 ISO Class 7，通常是 ISO Class 8)，一般而言並不進行過濾網之洩漏測試。ISO 等級 8 的無塵室在送風管的末端位置不見得會使用高效率過濾網，而會在空調箱後方會放置袋型過濾網。這種情況下，本章前面所介紹過的類型就不可能執行洩漏測試。如果在無塵室中空氣潔淨的等級標準已

達到,則經由濾網系統卻未被過濾的微小洩漏對無塵室之影響將很小的或是可以為吾人所接受的,此種觀點可能是有爭議的。此種觀點在送風空氣與房間空氣混合良好的非單流式無塵室中是完全可接受,並且避免損壞濾網所產生的局部高濃度污染。在單向流系統中,尤其在分離潔淨空氣裝置中,其高效濾網至關鍵區域的距離可能很短,此時一個損壞濾網的小破洞也將造成單向流的污染空氣流,這會造成關鍵區域發生局部且不可接受的高粒子數量。因此在單向氣流型系統一定會測試看看過濾網是否有洩漏的問題。

13.2 人工氣膠測試

以下各節描述測試無塵室之過濾裝置的氣膠測試,並說明它們是如何被產生的。

13.2.1 適用於氣膠測試的油

鄰苯二甲酸二辛酯(Di-octyl phthalate, DOP)是種油狀液體,早先是被用來當做濾網測試之測試氣膠,而以其名來命名為 DOP 測試,正如它偶爾所稱者。由於它具有潛在的毒性作用而在許多國家它已經禁用了,現在則指定使用類似的油類如殼牌 Ondina EL 礦物油或聚烯烴油(polyalpha olefin, PAO)或癸二酸二乙酯己酯(di-ethyl hexylsebacate, DEHS)或稱為癸二酸二辛酯(dioctyl sebacate, DOS)等。

13.2.2 冷生成氣膠產生器(Laskin 噴嘴)

為了產生測試用的冷生成氣膠,通常會依此目的而設計一個俗稱的 Laskin 噴嘴。空氣自儲油處抽取油出來。細微的油粒,具有質量平均粒徑約為 0.5 μm,與中數粒徑約為 0.25 μm,在小小的正壓下噴出。

Laskin 噴嘴的噴量相當小(約 0.4 g/min),只夠對小送風量系統如分離潔淨空氣裝置作測試。而可測試風量將取決於使用的測試濃度,但使用單一 Laskin 噴嘴時,且由光度計來測量過濾網的穿透能力下,可測試送風量達約 0.5 m^3/s(1000 ft^3/min)之通風系統。因此,以光度計進行更大容積系統的測試時就需要多噴嘴系統。但是,應該指出的是,在多噴嘴型式的 Laskin 噴嘴需要大型空氣泵而非通常所用的手攜式。

測試時之另一個選擇則是使用單一粒徑之粒子計數器(particle counter)來取代光度計。由 Laskin 噴嘴所製造出之濃度為 10 $\mu g/l$ 的測試氣膠約含有挑戰粒子數 3×10^{10}/m^3(10^9/ft^3),所以藉由粒子計數器應該足以掃描出大多數無塵室之過濾網的洩漏。另一種可能是使用熱生成器。這些將在下一節中討論。

13.2.3 熱氣膠生成器

由於從 Laskin 噴嘴中產生足夠的測試粒子較為困難,因此經常使用熱生成器的測試煙霧。這些生成器也有不需要使用空氣泵來產生粒子的優點,雖然還是需要泵來把氣膠推送到位於正壓風管與空調機和分離的設備下游處的空氣艙。熱生成器使用氣體,如二氧化碳或氮氣作為載體。適合使用的油,如第 13.2.1 節中描述過的類型,在一個快慢受到控制的情況下注入被加熱的蒸發室。汽化的油在噴嘴出口處凝結到載體氣體形成質量中數粒徑約 0.4 μm 和中數粒徑約 0.3 μm 的氣膠。該氣膠比由 Laskin 噴嘴所產生者更為濃稠且所能產生的氣膠數量也大得多。因此,熱生成器更適合於大型的安裝。

在圖 13.4 中所示的此種產生器可產生大約 10 到 50 g/min 的氣膠(煙霧劑),此量已足夠用來測試(使用光度計下)大約達 40 m³/s(85000 ft³/min)風量的空氣通風系統。

圖 13.4 熱氣膠生成器

13.2.4 發泡微球

在某些無塵室的使用場合(例如半導體製造業),會指定使用惰性(inert)測試粒子來進行測試濾網。這些是為了考量確保在過濾網上不會留下任何的測試氣膠,或不會有任何化學成份氣體釋放 (outgassing) 的可能性。最常用的惰性測試氣膠是發泡微球 (microspheres),而一張這些微球附著在過濾網纖維的情形的相片示如圖 13.5。它們可用於作為單分散懸浮的粒徑範圍很廣,因此可以選擇適當粒徑作洩漏測試。用於「過濾網完整性測試」的球徑類似於製造商測試過濾網時所使用的粒徑而最容易穿透的粒徑是介

於 0.1 μm 和 0.3 μm 之間。為清晰起見，在圖 13.5 所示的球遠遠大於這些粒徑。懸浮液被稀釋和氣霧化後，藉助連接到粒子計數器之探針來掃描穿過過濾網網面的微球數量。上游測試濃度的測量工作，於此使用了粒子計數器，會於第 13.3.2 節描述。

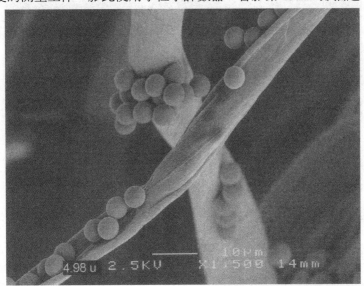

圖 13.5　附著在過濾網纖維上之微球的圖片

13.3 測量煙霧穿透的設備

13.3.1 光度計(Photometer)

　　如圖 13.6 所示為一典型的光度計。一根探針被用來掃描過濾網以了解測試氣膠的洩漏情況且空氣以 28 l/min (1 ft³/min)的體積流率經由風管流過過濾網進入光度計。光度計有一個光線集中的區域，測試氣膠的微粒會通過它而被吸入。在這區域粒子會將光線散射，因此所產生的光會被收集起來並被轉換成電氣信號。光度計通常用來測量的油濃度在 0.0001 μg/l 到 100 μg/l 之間。光度計計算粒子的全體質量濃度，其工作方式與計算粒子數目和測量每個粒徑的離散式粒子計數器完全不同。

　　光度計較粒子計數器具有優勢的地方是，它可以測量上游處的測試粒子濃度，只要撥動一個開關就能設定成 100%的讀數。然後將取樣管移到過濾網的下游處且該儀器切換到適當的尺標以指示出經過過濾網的洩漏百分率。當超過顯示在尺標上所指定的濾網洩漏百分率最大值，例如 0.01%，的時候，如果有需要的話，就會觸發聲音警報。

圖 13.6 典型的光度計

13.3.2 離散式粒子計數器

通常無塵室中會使用粒子計數器來計算粒子的類型和尺寸並進行過濾網之洩漏測試。然而，此粒子計數器必須在連續的測量模式下持續運作。當粒子計數器是用於測量過濾網的洩漏時，上游處的粒子的測試計數可能會超過儀器的指示範圍以外，而必須購買稀釋劑以稀釋上游的樣本。當一個粒子計數器是用來測試過濾網，那麼應採取ISO14644-3 中所描述的方法。

13.4 測試過濾網和過濾網箱體之方法

在上一節 13.3 所描述的其中一個測試氣膠應該引進送風風管道系統之過濾網的上游處。引進的位置應在離過濾網有相當距離的地方以使之充分的混合，以便在過濾網的後面的濃度會更均勻。如果對混合的完全性有任何懷疑時，則應該在過濾網之上游就檢查其測試氣膠濃度的均勻性。當取得均勻的測試氣膠濃度之後，接著採用下面的測試方法。

13.4.1 掃描方法

在開始測試過濾網的完整性之前，吾人必需先考慮煙霧警報器。產生器的煙霧，尤其是在被引入無塵室來測試分離潔淨空氣裝置時，可能會觸發偵煙警報器。因此應該考

慮將偵煙警報器關閉的可能性和其所造成的影響。最好在測試前先將它們關閉，而不是碰到需要消防隊出面的尷尬情況，或者更糟糕的是，消防灑水頭噴水所造成的損害。

　　如果在過濾網之後加裝擴散型風口時，則應該先將風口移走以便直接量得過濾網表面的狀態。正常的掃描方法是要結合掃描探測器與光度計一併使用，或者是使用單一粒子計數器，先針對整個過濾網表面進行掃描測試。掃描過濾網的外緣看看是否有襯墊洩漏，然後掃描過濾網網面。通常掃描探測器置於距過濾網大約 2.5 公分(1 英吋)處，而且進行濾網測試時最好採部份重疊式地往復掃描偵測(如圖 13.7 所示)。

　　掃描的速度和探針的大小很重要。因為如果掃描探針通過濾網上的破洞速度太慢時，將會收到更多的粒子通過而造成較多的錯誤數據。而若通過過濾網的速度太快時，也會造成一些錯誤的讀值，因此也應該加以防止。掃描速度在 5 cm/s 以下是合理的，但是在 ISO 4644-3 中提供了一個方法可用來計算探針的大小與正確的掃描速度。

　　如果使用光度計量測時，在過濾網下游的測試粒子濃度將可測得，並可調整到適當的濃度。ISO14644-3 所建議的濃度為 20 μg/l 至 80 μg/l 之間。則將調整光度計使上游濃度成為 100%的讀值，隨後則可從光度計直接讀取微粒子穿透濾網的比例。過濾網上游處引進之測試濃度超過 0.01%時通常被視為洩漏的徵兆。

圖 13.7　掃描測試過濾網

13.4.2　大型單流式無塵室中之過濾網測試

　　檢查大型單向流無塵室天花板中的過濾網時的問題是，因為面積如此之大，以致於要花費很長的時間來進行測試。一般在大型半導體廠的無塵室也許要花上好幾天。因此

使用正確且適當的方法將可大量地減少測試的時間。例如，連接到到光度計或粒子計數器的數個探針可以低於過濾網組之適當高度放到電動車上，並在無塵室裡開動這輛車來執行掃描作業。

　　另一種方法是掃描螺栓附近的每一個過濾網以及它的鑄件，然後小心地把它安裝到天花板的箱體。然後，當所有濾網就位且開啟通風系統時，便僅須針對濾網的周圍，檢查濾網框架交接處之洩漏情形。

13.5 洩漏的修理

　　ISO14644-3 標準認可過濾網任何部分都得維修的做法，只要使用者願意接受。洩漏通常來自襯墊、過濾網與接頭包覆之處以及濾材。如果洩漏來自襯墊，過濾網應該拆下來，不是重新正確地予以密封，就是換上新的襯墊，或是更換濾網。如果洩漏來自濾材包與外框之間，那麼使用材料如矽乳香往往可以有不錯的維修效果。如果洩漏來自濾材的一小部分區域，那麼這通常也可以使用材料如矽乳香來修復。不過，這很難用來修復大片區域受損的情況，因為會堵塞氣流之故，這對氣流的均勻性可能有不利影響。在多向氣流型無塵室，送入的空氣會迅速地與室內空氣混合，因而被稀薄化了，所以一個不盡完美的修復是可以被接受的。然而，在單一方向氣流的情況，特別是在空氣直接供給予關鍵區域的情況，通常會換個新的過濾網。

誌謝

　　圖 13.5 經 Thermo Fisher Scientific 公司同意後再製使用。圖 13.4 與 13.6 經 DOP Solutions 公司允許後再製。

14

Airborne Particle Counts

微塵粒子之計數

用以確保無塵室運轉正確的最重要測試爲，微粒子濃度的測量。在進行這項測量之前，在本書第 10 至 13 章已描述過的某些測試項目應已先完成，並要符合規格，如送風量、壓力差、無塵室內及區域間的氣流移動情況、及濾網之氣密性等測試。隨後，才進行最後一項測試，證實微粒子濃度(在已協議過之作業情況下)未超過微粒子之等級限制範圍。

14.1　微塵粒子計數器

「微粒計數器」(particle counter)是用以對無塵室內空氣中的微粒子作計數並量測大小。這常稱爲「離散粒子計數器」(discrete-particle counter)，以與用來測試濾網安裝洩漏之光度計(photometer)作區分。微粒子計數器可同時用來量測空氣樣本中之微粒子總數及大小，而光度計則僅量測粒子之質量。本章中，爲簡單起見，所稱之微粒子計數器皆是指前者。

微塵粒子計數器對於無塵室測試及運作而言是不可或缺的工具。由於市場上仍可獲得功能良好且價格適中的二手貨，因此微粒子計數器對於無塵室而言是絕對必備的。如圖 14.1 所示爲典型的微塵粒子計數器。

此種微塵粒子計數器可量測及計數之微粒範圍爲 0.3 μm 至 10 μm。最常見到的粒子計數器可以取樣 28 l/min (1 ft³/min) 的無塵室空氣且計數低至 0.5 μm 或 0.3 μm 的粒子。高靈敏度的機型可以計數到 0.1 μm 的粒子，有些儀器可以取樣 50 或 100 l/min。

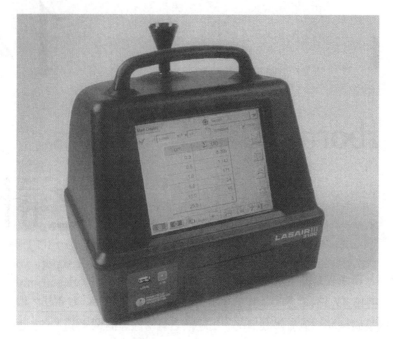

圖 14.1　微塵粒子計數器

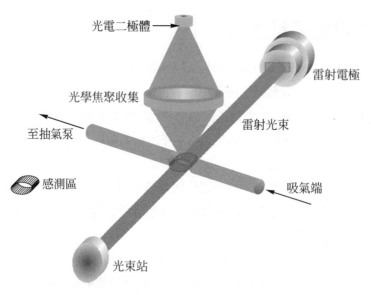

圖 14.2　微粒計數器內所用之一般偵測方法

如圖 14.2 所示為微塵粒子計數器之工作原理。光源通常是一個雷射二極管。由空氣中所取樣到的粒子個別散射出來的光線，被一個鏡頭系統集中後，再由光電二極管將之轉換成電氣脈衝。脈衝的振幅正比於粒徑而由每種粒徑的脈衝數目可以得出該粒徑的濃度。粒子通常以「等於或大於」基準粒徑的方式來計算，也就是，「累計」，因此，粒子計數器會計數所有等於或大於該儀器事先被設定要偵測的粒徑值。此測量累計的方法敘明於無塵室的標準。

14.2 微塵粒子之持續性監控儀器

在更高階的無塵室中，產品極易受到微塵粒子污染物之影響，所以持續地監控空氣可用來確認微塵粒子之清淨度等級是否產生偏差。在潔淨度要求略低的無塵室則可以認為沒有持續取樣的必要，技術人員可以用手提式粒子計數器以每週、每月或每年的時間間隔來執行測試，視無塵室所要求的潔淨程度而定。

持續空氣取樣的方法主要有兩種。一種常稱為順序(sequential)監控，另一為同時(simultaneous)監控。一個順序監測系統，又稱為「歧管」(manifold)系統，示如圖 14.3。

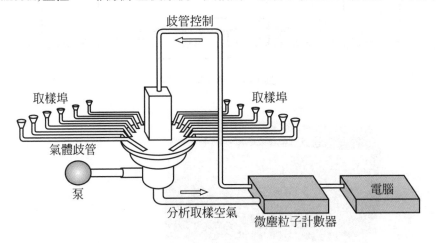

圖 14.3 順序監控系統

在這個系統中，無塵室在需要取樣之處裝有取樣管進行取樣。依次於每個收集點獲取空氣樣本並且經由取樣管轉送到歧管，然後到粒子計數器，於那兒計算粒子的數目。如果我們考慮一個有 12 個取樣管的歧管系統，歧管會旋轉以便讓正取樣中的取樣管會連接到粒子計數器，而其他十一個管子連接到外部的真空泵。當粒子計數器已經得到了

足夠的樣本數目,那麼歧管系統會旋轉使得下一個取樣管成為取樣者,而前一個管子成為連接到真空泵的十一個管子中的一個。這可確保有或多或少都會有流動的空氣會流進各個取樣管。

　　同時監控(simultaneous monitoring)系統如圖 14.4 所示,其是同時利用多個小型感測器持續地在室內不同點量測粒徑大小及計數微粒數。這個系統也被稱為「使用點」(point-of-use)系統。

　　如圖 14.5 所示為一典型的使用點感測器,其大小與一枝鉛筆相當。空氣粒子之數量與大小的資訊,可藉由感測器之電子信號透過纜線傳送到電腦作分析。

　　上述兩種監控方法皆須利用套裝軟體來分析這些數據結果。這些可用來計算無塵室中每一種粒徑的整體平均數目,或是各個取樣點每一種粒徑的平均數目。此系統也可記錄當超過電腦所設定的值時,系統所採取之「預警」(alert)或「動作」(action)之資訊。此外,亦可獲得其他資訊。

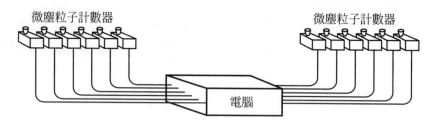

圖 14.4　同時監控系統

圖 14.5　於同時取樣中所使用的單點用感測器

　　由於空氣可在吾人所選擇的地點持續地加以取樣，而且沒有任何過高的粒子濃度被遺漏計算，因此，同時監控系統將是最佳的系統選擇。然而，它也最昂貴。而使順序取樣法不只將粒子至入微塵粒子計數器之管內表面，也吸至歧管內。

　　如果系統設計時採取審慎的做法，主要是縮短管的長度，會有助於減少這些損失。研究顯示，當取樣較小微粒(≤ 0.5 μm)時，因沉澱所導致的損失很小而可接受，尤其是要求出粒子計數的增量而非絕對值時。除了在最短的管長情況下，因粒徑較大(≥ 5 μm)之粒子沉澱所造成的損失都會非常高。

14.3 不同作業型態下之微塵粒子計數

　　無塵室內之空氣污染物量測可在下列三個作業情況(occupancy states)下進行量測。此是依國際標準組織 ISO 14644-1 所訂定：

● **完工狀態**(As built)：
　即無塵室的運作功能及所有工程已全部完成，但室內沒有製程設備、原料或工作人員之狀態。

● **完工後停止生產狀態**(At rest)：
　即無塵室已全部完工，室內亦已有製程設備，並且可運轉在工程公司及業主均同意之情形下，但是室內不包含任何工作人員。

● **正式運轉中**(Operational)：
　即無塵室已完工且機器已安裝，並且運作在業主所要求的指定等級下，以及包含業主所指定數量工作人員之操作狀態下。

　　當無塵室之承包商在完工後與開始製造產品之間，常會有相當長一段時間之延遲。然而，承包商完工後要求付款時，一般慣例是須確定此無塵室在「as-built」之條件下是符合設計標準的，也因此，承包商須負擔此時檢測之所有或大部份之費用。然而，檢測無塵室完工時之問題在於設備尚未運轉，且工作人員尚未進入無塵室，也就不會有微塵粒子之產生。因此微塵粒子濃度可能與濾網供風處非常接近。而實際上，當無塵室進行測試時，所需之人員通常超過一個以上，因而此將增加無塵室內之微塵粒子的總數。然而，微粒總數應該還是會遠低於無塵室在「operational」時的數量。當機器和人員散播出粒子，業主肯定會希望無塵室在充滿人員與機台的狀態下會有令人滿意地表現。所以在建造合約上應清楚訂定，應以何種作業情況進行合約的測試驗收。

假如適當地加以設計無塵室且在淨空時加以測試，也就是無塵室「as-built」之作業狀態可視爲一般經驗法則中的假設狀態。亦即無塵室在「as-built」時之清淨度等級應較「operational」時之等級高一或二個級數。但這並不是永遠可正確適用的，如果可能的話，也可在無塵室「as-built」之狀態下增加某些其他的測試要求，其可作爲預測無塵室不管在「at-rest」或「operational」之狀態下皆可遵守清淨度等級之要求。最重要的確認測試是濾網氣密性及送風量。因爲在層流型系統中之氣流爲單一方向，假如濾網之過濾無旁通現象且氣流速度正確，則可以達到正確之標準。然而，在亂流式通風換氣之無塵室中，在「operational」階段時能否達到標準的法規則較不確定，因爲它將隨著送風量是否足夠用來稀釋由機器及工作人員所散播之污染物而定。其他資料請查看第 5.1.2 節。然而，如果已聘用的是一個有經驗的設計師來設計無塵室，這應該不會是個問題。更常見的是，無塵室設計師會過度設計(over-design)而結果無塵室之潔淨等級遠高於預期。

在承包商將無塵室成交給業主後，設備將安裝完成且準備操作，並在「at rest」狀態下計數粒子。當生產開始後粒子的污染便可以在「運轉」的狀態下予以量測。「運轉」下有人員出入的狀態是最需要量測的狀態，因爲它反映了生產區域運作時的實際污染情況。這種狀態下也很可能會得到最高的粒子計數。

14.4 粒子濃度的測量

在無塵室之標準法規中，對於微塵粒子之濃度是針對一固定大小之粒徑，在一特定的作業情況下不超過某個數量爲標準。這些等級的上限值在 ISO 14644-1 有說明且展示在第 3 章的表 3.2 和圖 3.2。

爲了進行無塵室等級之分類，吾人須取足夠之空氣樣本，以確保無塵室之微塵粒子濃度皆在標準所設定之範圍內。取樣地點數的多寡取決於無塵室的大小，規模較大的無塵室，所要使用到的取樣地點的數目也要越多。而空氣取樣的量也較大以確認測試的結果。這與該無塵室的潔淨度有關、無塵室越潔淨則取樣要越大。取樣地點的數目和最低風量的決定方法規定於 ISO 14644-1:1999。欲達到已知等級時，無塵室必須符合的接受標準也可參考 ISO 14644-1:1999 所規定者，並說明如下。然而，任何人想要作測試時，均須購買 ISO 14644-1:1999 標準(詳見第 4.3.1 節中的資料)。也要回頭查看最新的 ISO14644-1 版本，因爲這項標準在出版本書的時候正在改版且在新版本中測試方法可能已被改過了。

14.4.1　取樣位置及數量

國際標準化組織 ISO 14644-1：1999 法規之公式可用以計算出最少之取樣位置數。
如下所示：

$$N_L = \sqrt{A}$$

其中，

N_L　為最少取樣點數(取最近整數)。

A　為無塵室之面積，或清淨空氣涵蓋之區域(m^2)。

ISO 標準要求，取樣點位置須均勻分佈於無塵室內，且須在無塵室工作之高度處進行取樣。

14.4.2　空氣之取樣流量

決定在每一點之最小取樣流量也是極為必要的。因為在較清淨之無塵室中之微粒子
數較少，因此也就須要較大的空氣取樣量，以確保所得結果在 ISO 14644-1:1999 所給定
之粒子等級界限內。這項標準要求當濃度為所考慮之等級的上限值時，風量應該大到足
以數出所指定之最大粒徑的 20 顆粒子。

下列為計算最小取樣流量之公式：

$$V = \frac{20}{C} \times 1000$$

其中，

V　是每點之最少取樣流量(公升/點)。

C　清淨等級之最大粒子數(particles/m^3)，並考慮對應之微粒子大小。

20　定義之微粒子數量，即當微粒子濃度在清淨等級範圍內時可計算出之數量。

每一點可以一次取樣或多次取樣。而每一點之取樣量最少應為 2 公升，且取樣時間最少
為 1 分鐘。

14.4.3　合格之標準

依 ISO 14644-1:1999 法規標準，若無塵室符合下列所列之等級規範則為合格：

1.　在每一點所量測之微粒子濃度的平均值低於潔淨等級要求之數量。

2.　當總取樣點數低於 10 時，所計算出 95%微粒子污染物之高確信範圍(Upper
Confidence Limit，UCL)，應低於清淨等級要求之數量。

14.5 ISO 14644-1 量測方法之作業案例

爲了要展示如何運用 ISO 14644-1:1999 方法，下面舉個例子：

> 若有一無塵室之樓板面積爲 4 m × 5 m。「as-built」狀態下，其應遵守 ISO Class 3，且微粒大小 ≥ 0.1 μm(1000/m³)。

其計算方式如下。

14.5.1 取樣點數

無塵室之地板面積爲 4 m × 5 m。因此，取樣點數等於 $\sqrt{4\times5} = 4.47$ 最小取樣點數(取最接近整數)應爲 5 點。

14.5.2 最小之空氣取樣量

$$最小樣本體積 = \frac{20}{已知粒子其大小的典型極限} \times 1000$$

對於 ISO Class 3 之無塵室而言，在此清淨等級範圍且粒子 ≥ 0.1 μm 之容許微粒子數目爲 1000 個/m³。

$$\therefore 最小體積 = \frac{20}{1000} \times 1000 = 20公升$$

而利用微塵粒子計數器之取樣流率爲 28.3 升，也就是 1 /min(CFM)，對於每點之取樣時間約 42 秒。然而，ISO 14644-1 之規定爲每點所須之最小取樣時間爲 1 分鐘。

14.5.3 取樣結果

在這個例子中最少要於五個地點進行取樣以滿足 ISO14644-1:1999 標準的要求。表 14.1 爲各取樣之結果。

表 14.1 在無塵室中各取樣點的微塵粒子數

取樣點位置	粒子數 ≥ 0.1 μm/m³
1	580
2	612
3	706
4	530
5	553

雖然也可採用多點取樣之平均數或更長時間之取樣，此數據僅為一分鐘取樣時間之結果，且每點僅只做一次之取樣。所有結果之數據皆顯示在 ISO Class 3 無塵室等級之範圍內，也就是微塵粒子數目皆小於 1000 個/m³(0.1 μm)。因此首先以滿足在 ISO 法規所規定之部份。假如微塵粒子數目超過此等級所允許的數量，則 ISO 法規亦可接受取樣點在均勻地分配後再進行取樣。由此進一步取樣所得到的結果被視為是確定的。

由於此案例之取樣點低於 9 個，因此必須證明 95%的 UCL 並未超過清淨度等級允許之微塵粒子數目。此可利用下列之方法加以完成。首先，「平均之平均值」利用下式算出：

$$平均之平均值(M) = \frac{個別位置平均的總和}{個別位置平均之數量}$$

此例中的平均之平均值是由表 14.1 之個別結果來算出，因每一點只進行一次取樣。此數值可由下列之計算式得出：

$$微粒數的平均之平均值 \geq 0.1\ \mu m(M) = \frac{580 + 612 + 706 + 530 + 553}{5} = 596$$

利用平均值為 596 時，再由下列式子算出標準偏差值(standard deviation，s.d.)：

$$標準偏差值(s.d.) =$$

$$\sqrt{\frac{(580-596)^2 + (612-596)^2 + (706-596)^2 + (530-596)^2 + (553-596)^2}{5-1}}$$

$$= \sqrt{\frac{256 + 256 + 12100 + 4356 + 1849}{4}}$$

$$= 69$$

其中，5 在分母表示其為取樣的點數。

此 95%UCL 現在可利用表 14.2 計算出：

表 14.2 95%UCL 之學生的 t 分佈

取樣點數	2	3	4	5	6	7-9
t	6.3	2.9	2.4	2.1	2.0	1.9

由於地點的個數是 5，從表 14.2 得到「t」的值是 2.1。

此 95%UCL 現在可利用下列方程式計算出：

$$95\%\text{UCL} = M + \left[t \times \frac{\text{s.d.}}{\sqrt{n}} \right]$$

其中，n ＝ 位置數

$$\therefore 95\%\text{UCL}對於粒子 \geq 0.1\mu m = 596 + \left[2.1 \times \frac{69}{\sqrt{5}} \right] = 661$$

由上述之計算可知 95%UCL 之計算值亦小於無塵室等級所規定 1000 之範圍內。因此無塵室粒子數仍在法規所須之數目範圍內。

　　由於此計算之 95%UCL 仍可低於清淨度等級要求所容許的數量，因此此結果亦可在第二部份滿足 ISO 14644-1 法規之標準。然而，當此結果數據有較大的變動，或產生不正常的低(或高)之數據時，可能導致 95%UCL 超出無塵室之等級所允許的數量。以 5 個取樣點之例子來說明，其各點量測粒子數量為 926、958、937、936 及 214。則可計算出這些數據之 95%UCL 為 1108 個/m³。此乃因為一項數據特別的低，所以此無塵室無法滿足合格之標準。假如此單一個數據偏離會導致無塵室不合格，可試著找出此原因，然而可依 ISO 法規的方法再加以處理及更正此問題。而此原因通常是在取樣時所產生之典型錯誤，或是由於取樣點直接位於一般乾淨空氣之出風口處所量測之粒子數量。

　　要避免因使用 95%UCL 引起問題的最簡單方法是測試無塵室內的九個地點。額外取樣所需要耗用的時間通常少於計算 95%UCL 所需要耗用的時間。

誌謝

　　圖 14.1 由 Particle Measuring Systems 公司允許後再製使用。圖 14.2 是由 FIACFI 的 Bob Latimer 所繪製。圖 14.3 和圖 14.4 由 Particle Measuring Systems 公司所提供之圖重新繪製而成。圖 14.5 經 HACH 公司允許後再製使用。ISO 14644-1:1999 的摘錄由英國標準學會(British Standards Institution)允許後再製使用。

15

Microbial Sampling

微生物取樣

在一些生物無塵室中，如在製藥廠和醫療設備製造廠中所使用的，微生物細菌之數量就如同微塵粒子一樣也須要加以控制。人員通常是無塵室中微生物污染的唯一來源。在「完工」或「停產中」的作業狀況下去測量微生物因此沒有多大價值，因為根據定義，在無塵室應該不能有任何人員在那兒。然而，當無塵室正式在「運轉」狀態下操作時，微生物將從人員的身上持續地在無塵室中散播出來。因此，吾人須持續監控無塵室以確定不會超過所預設之微生物濃度。

一般而言，取樣的對象包括無塵室之氣流和表面，以及無塵室中之工作人員。對於無塵室內不得超過之微生物濃度之例載於 EU GGMP(見表 3.6)和 FDA Guidance(見表 3.7)。兩者都會在第 3.5 節中討論。

15.1　空氣中微生物之取樣

針對無塵室空氣中微生物數量之取樣儀器有幾種不同的形式。這些取樣器(samplers)即是常見的空氣容積(volumetric)取樣器，因為其是取樣一個固定容器之空氣，經由停留板(settle plate)取樣後而分辨出來，微生物將在停留板上因重力的關係而沉澱在細菌培養皿上。這也是為什麼「容積」抽樣有時也被稱為「主動性」抽樣。有許多不同的取樣器可用來針對空氣中之微生物進行取樣。在無塵室中，最普遍的類型是將微生物壓入營養瓊脂培養基(nutrient agar media)，以及那些以薄膜過濾法來收集微生物。

15.1.1　壓入細菌培養皿

　　一般常使用在無塵室中之碰撞取樣器(impaction samplers)，是利用慣性碰撞或離心力來移除空氣中之微生物。兩種方法皆是將帶有微生物之粒子撞壓入營養瓊脂的細菌培養表面上。而瓊脂(agar)是一種膠狀細菌培養基，並添加營養素以供應微生細菌生長。若微生物菌類落在此營養素表面上時，將會開始繁殖。如果將之放在適當的溫度下經過足夠的時間後，只需要有一個培養的微生物會成倍成長成一個可見的菌落，長成的直徑爲幾毫米(或更大)。瓊脂樣品板通常於 30°C 至 35°C 下被培養 48 小時而進一步在 20°C 至 25°C 達 72 小時以給予足夠的時間讓菌落成長。然後計算菌落的數目，由此算出一已知體積的空氣中攜帶微生物之粒子的數目。

■15.1.1.1　慣性壓入取樣器

　　此類型取樣器一般之取樣量爲 30 至 180 l/min(大約 1 ft³/min 至 700 litres/min (25 ft³/min)。在最潔淨的無塵室中懸浮微生物濃度須低於 l/m³(見表 3.6 和 3.7)。對於這些微生物濃度非常低的樣本，以大一些的空氣容積取樣器來取樣所耗費的取樣時間會縮短些。因此，取樣的容積最好至少爲 100 l/min (約 3 ft³/min)。

　　慣性壓入器的使用原理如圖 15.1 所示。攜帶微生物之粒子的空氣被加速通過一個小細縫或小孔。速度(約 20 m/s)快的已足以讓空氣以 90 度作轉彎時，攜帶微生物之粒子會脫離氣流並撞擊到營養瓊脂的表面。當在一個合適的溫度下培養一段時

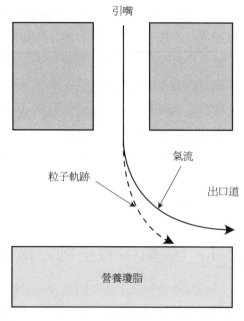

圖 15.1　氣流通過細縫-瓊脂或小孔-瓊脂取樣器。

間後，在營養瓊脂表面上每顆攜帶微生物之粒子會成長而形成一個微生物菌落。然後可計算菌落，而可決定出給定空氣量中的帶菌微粒數。

　　取樣器之吸入空氣可穿過多個孔洞(如濾篩)，並使帶有微生細菌之微粒子壓入細菌培養皿表面，如圖 15.2 所示。其中具有多孔洞之外部濾篩已被移除，吾人可看到培養皿上之微生物被壓入之情形。

■15.1.1.2 離心式空氣取樣器

此種取樣器(圖 15.3)中,是由旋轉葉片將空氣吸到取樣器前而吸入。然後離心力將攜帶微生物之粒子拋到營養瓊脂的表面上。而此附著之表面爲以塑膠長條做成槽狀,內塗有瓊脂以作爲細菌培養之用。在取樣完後,塑膠細菌培養片由取樣器中取出並孵育,以便能確認帶有微生物之粒子數目。

圖 **15.2** SAS 慣性壓入空氣樣本

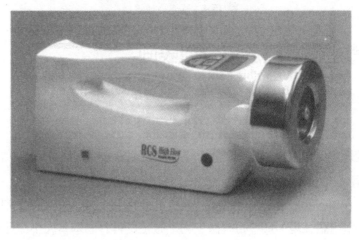

圖 **15.3** RCS 離心式取樣器

■15.1.1.3 薄膜型取樣裝置

另一個用來取樣無塵室空氣中微生物之方法爲使用薄膜過濾(membrane filtration)裝置。薄膜型過濾網裝在一根支架上,使用真空抽氣泵吸入一已知量的空氣。則帶有微生

物之粒子通過此薄膜時將會被過濾出來。如圖 15.4 所示之設備。隨後再將此薄膜由濾網支架處移開，並置放在細菌培養皿之上方培養，然後計算生成為菌落的帶菌粒子數。

　　具有表面格點列印之薄膜濾網將有助於計算微生物數量。也可以使用膠質所製成之濾網。膠質可有效地保持水分及溼度，因為根據研究報告指出，它有助於防止微生物因乾燥而死亡。

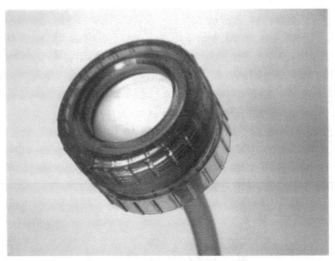

圖 15.4　薄膜型過濾網

15.2　微生物沉積於培養皿表面

15.2.1　停留板之取樣

　　在本章之前幾節已針對無塵室內空氣中微生物之容積取樣量做描述。然而，微生物之容積取樣量是一種微生物沉積在無塵室產品上之間接的量測。而較直接的方法是經由停留板之取樣(settle plate sampling)來量測。

　　就如同將在本書 20.2 節所討論到的，無塵室空氣中所含之微生物通常附著在皮膚粒子上。以無塵室用語來說，這些帶有微生物之微粒具有一個基本大小，且其平均等效直徑約為 12 μm。因此由於地心引力，其可以平均速率約為 0.46 cm/s 沉積落在培養皿表面。

　　在固定取樣平板上，培養皿包含細菌培養基將在無塵室內被打開，且暴露一固定時間，因此允許帶有微生物之粒子沉積在上面。培養皿較常使用者為直徑 90 mm(內部面積為 64 cm²)，但在較高品質之無塵室中，由於其具有較低之空氣污染濃度，適合之培

養皿則須更大至直徑 140 mm(內部面積 154 cm^2)。沉積在細菌培養皿表面之帶菌粒子數須經超過數小時之暴露後才可確認。四至五個小時是個適當的期間,因為它也正好是人員待在無塵室的時候。也有些許微生物會因乾燥而死亡。

培養皿必須裝有約為 2/3 至 3/4 滿的瓊脂以減少乾燥的產生。而微生物之沉積率可視為在一固定時間內,在此培養皿內產生之沉積量。此沉積率也將會以更科學性地以每小時,每 100 cm^2 在培養皿所得之沉積量來加以描述。

15.2.2 預期空氣污染率之計算

若產品之暴露面積及製造時暴露於空氣微生物污染之時間皆已知時,則可計算出產品之可能污染速率。使用在一固定時間內於培養皿上之微生物粒子總數,並將產品區域面積及暴露取樣時間作比例關係,則污染率可由下列方程式算出:

$$污染離子率 = 停留板上之粒子總數 \times \frac{產品面積}{培養皿面積} \times \frac{產品暴露時間}{停留板暴露時間}$$

例題:

140 mm 之取樣板(面積為 154 cm^2)置放於容器被填滿處之附近,且容器經 4 個小時暴露後停留於取樣板上之微生物數量為 3。因此,可能沉積於產品(其具有一容器頸部面積 1 cm^2)的帶菌粒子數,在平均打開該容器填充之時間為 10 分鐘下,為:

$$3 \times \frac{1}{154} \times \frac{10}{60 \times 4} = 0.0008$$

產品的微生物污染率因此可能約是 0.0008,即 10,000 個容器中有 8 個。

15.3 微生物之表面取樣

有許多種方法可用來作為微生物之表面取樣(microbial surface sampling),其中有兩個較常為一般無塵室所使用的。亦即接觸取樣(contact sampling)及擦拭取樣(swabbing)。

15.3.1 接觸表面取樣

接觸平板片用於所取樣之無塵室的表面相當平坦時。假如使用平板,即再製有機物偵測及計數(Replicate Organisms Detection And Counting, RODAC)培養皿,如圖 15.5 所示。這些培養皿直徑通常為 55 mm 且內部盤子將由蓋子覆蓋在邊緣上。隨後倒入 15.5 ml 至 16 ml 的瓊脂細菌培養基至培養皿中央,將其填滿並使瓊脂表面呈凸狀隆起於邊緣處。

　　將瓊脂滾於無塵室表面以進行取樣。帶菌粒子將附著在瓊脂表面上，且當培養皿於適當的時間及溫度下培養時，微生物將生長成可計算出數量之菌落。有些用於無塵室之消毒劑的殘留量可能會阻止欲取樣之表面上的微生物繼續生長。中和這些消毒劑作用之化學物質應搭配營養瓊脂使用，以防止這種情況的發生。

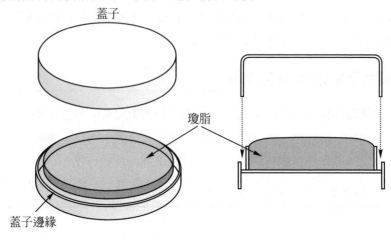

圖 15.5　RODAC 接觸平板

　　瓊脂接觸片(agar contact strips)如圖 15.6 所示，也可使用在做表面取樣上。這些細菌培養片由容器中取出，並應用在表面取樣上。攜帶微生物之粒子會粘附在瓊脂表面而其數量可藉由培養過程中所成長出的菌落數來計算。

圖 15.6　取樣接觸片

15.3.2 擦拭取樣

　　若要在凹凸表面取樣時，一般是使用由棉質材料所製成之棉花棒。由於簡單的特性，只要以殺菌的棉花棒隨機地在無塵室表面擦拭取樣(如圖 15.7 所示)，然後再將此取樣擦拭在細菌培養板上。即可在平板上培養並計算出微生物之總數。爲了改善微生物繁殖之效率，棉花棒及欲取樣之表面應使用殺菌液體(如食鹽水)使其潮濕。另一種方法是在液體中搖動棉花棒，讓液體流過適當的過濾網，然後清點有多少攜帶微生物之粒子從棉花棒掉落到液體內。

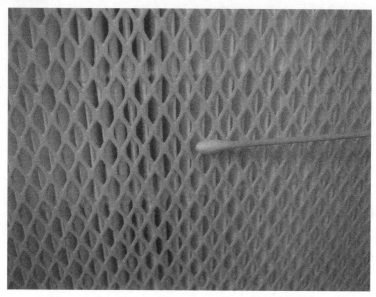

圖 15.7　使用棉花棒擦拭過濾網的柵格

15.4 工作人員之取樣

　　無塵室中之工作人員是微生物污染最主要之來源，而且須持續監控他們以確定沒有不正常增加的微生物散播產生。也許也有須要，當有不正常的高微生物濃度在空氣中出現、或在表面上、或在產品中，都應找出造成此污染來源的人。一般常使用之方法如下：

● 手指之塗抹：人員的手指尖端或他們帶手套後的手指，可壓入或擦拭在細菌培養皿上，從而確認微生物之數量。

● 接觸平板或接觸片：工作人員衣服之取樣，可由將此接觸平板壓在衣服上以便取樣。最好是當人員要從無塵室內出來時進行。

● 人體測試箱(body box)：假如工作人員穿著一般室內工作服，在人體測試箱內進行一連串規定的活動，則該人員的空氣微生物擴散率可加以確定(參考本書第 20.6.2 節)。

誌謝

圖 15.2 由 International pbi 公司允許後再製使用。圖 15.3 由 Biotest 公司允許後再製使用。

16

無塵室的操作：
汙染控制

　　本書的前幾章描述無塵室的設計與建造。在未來的幾章中將描述一些必要的測試來確保無塵室之等級，不論其為新設立或者是在其往後的運轉期間。在最後的幾章中，吾人亦將討論無塵室應如何來操作，將污染的危險減至最低限度。本章主要將介紹在無塵室內污染的來源及路徑，以及說明如何控制和最小化這些風險。

　　為了控制污染無塵室，這是需要管理的各種風險。在 ISO14644-6 內，風險是指發生危害的概率和其嚴重性的組合。危害可以被視為從危險轉移到產品的汙染量，其中，「危險」是指污染的來源。

　　有許多系統可以管理和評估風險，最適用於無塵室是危害分析與關鍵控制點(HACCP)方法和失效模式與效應分析(FMEA)方法，最好是在其失效模式(Failure Mode)和關鍵分析 FMEA 格式。但是，在應用到無塵室前，這些方法需要重新解釋和修改，這方面工作已在污染風險管理(RMC)的系統中完成，且在 PHSS 技術專著 14 號內描述。在第四章中有說明如何獲得這個文件。RMC 方法，包含下列基本步驟：

1. 辨認出無塵室內污染的來源。

2. 從來源和路線評估風險，並在適當情況下，引進或改進控制方法來降低風險。

3. 決定有效的採樣方法，不論是針對污染物之監測，甚或是加以控制之方法。建立預警和行動應採取的措施，如果這些水平超過標準則必須採取行動。

4. 驗證污染控制制度運作良好，驗證包含審查產品污染率，環境監測結果，風險評估方法，控制方法和監測範圍，並在適當情況下，給予相應的修改。

5. 建立且保持適當的文件資料。

6. 訓練工作人員。

接下來會討論這些步驟。

16.1 步驟1：確認污染的來源及路徑

16.1.1 污染的來源

在無塵室中的污染來源包括如下列所示：

● 無塵室鄰近的污穢地區。
● 未經過濾的供風。
● 無塵室空氣。
● 無塵室表面。
● 人員。
● 機器和輔助設備。
● 製程原料。
● 容器。
● 包裝。

無塵室相鄰的區域比產品無塵室清潔程度低。材料進出口處和人員更衣區容易被頻繁的活動所汙染，外面的走廊污染則可能無法控制。因此，供應到無塵室的空氣若沒有正確地過濾，將是污染來源的最主要原因。無塵室中的空氣也是污染的來源，其來源主要是人與機器。

地板、牆壁、天花板、桌、手推車和其他無塵室表面是表面汙染來源的例子。污染主要來自接觸的人員，或從空氣沉積的污染。若戴著手套的手摸過這些表面，然後觸摸一個產品，污染就會轉移到產品中。此外，若使用品質粗劣的建築材料，這些材料表面也可能是污染來源，因為此類建築材料會分離剝落，而造成纖維、木材、碎片、泥灰等污染源之散播。無塵室的衣服、手套、和面罩之表面也會由於人員穿著時產生污染，也可能因無塵室中表面污染物而遭受污染。產品將直接或間接受到接觸這些表面的污染。

　　而在無塵室中的工作人員本身也會散播污染，包括來自於皮膚、口腔和衣服。此類污染亦可能經由氣流移動或是與手或衣服有所接觸而轉移至產品上。

　　機器則是另一個來源，因為它們可以從運動部件或其他方式產生污染。輔助零件和用於修復或調整機器的工具，也可能是汙染源。而經由製程原料、容器和包裝所帶入或經由管路進入無塵室等皆可能造成污染，並應該加以詳細考慮。

16.1.2　空氣傳播和接觸路徑傳播

　　吾人不但要辨認出無塵室中的污染源，而且更要對污染源之傳播路徑加以考慮。亦即空氣傳播(空氣傳播)和接觸傳播(接觸)兩個主要的路徑。流體也可能產生污染，但在此不討論。

　　汙染可能會散布到空氣中然後轉移到產品上。假使微粒很小，其可能飄浮在無塵室其它的部份而影響較小。但是，如果尺寸都很大，如纖維、碎片、切粒、或是人們嘴裡的唾沫，它們將在短距離內存在且直接掉到產品上。

　　污染的接觸路徑發生在包括當機器、容器、包裝、製程原料、手套、衣服等直接接觸在產品上。接觸污染可能有幾種發生的方式。接觸污染可能有幾種發生的方式，一種是當人員在處理產品時，手套上之污染直接傳送到產品上，而另一種則是當產品接觸到髒的容器或包裝時。

　　若能綜合使用本節與前節討論的內容，則污染的來源及傳播的路徑皆可精確得知，而且亦可製作出適用於所有無塵室之污染危險分析圖。

16.1.3　污染危險分析圖的製作

　　污染危險分析圖(risk diagram)的製作是為了解污染如何產生以及如何對產品造成污染的好方法。一般而言，吾人對製程產品是如何被污染的大都毫無所悉，但經由污染危險分析圖之製作，此類問題大都可以瞭解並找出可依循之道。污染危險分析圖應該要顯示出污染的可能來源、傳播的主要路徑以及控制傳播的方法。針對製造過程較為複雜的製程製作幾個圖表對污染分析可能是必要的，或者考慮應在何處控制不同的污染如微粒子、微生物微粒及分子污染等也是必要的。

　　圖 16.1 是一個污染危險分析圖的例子，其可顯示在典型的無塵室中細菌和微粒子的主要污染來源。它還包括污染轉移路線和控制手段。

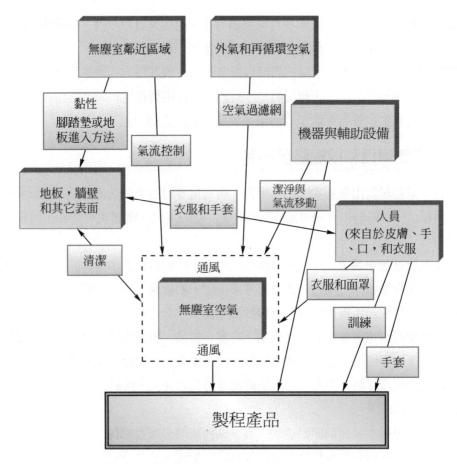

*微生物的污染可能需要滅菌和消毒

圖 16.1　無塵室粒子和微生物汙染來源，路線和控制

　　在無塵室周圍，污染的傳遞可能是非常的複雜，因爲在理論上，在無塵室內的所有一切皆可被其它每樣東西所污染。然而，實際上，它應該只需要考慮主要來源和污染轉移路線。而請特別注意空氣所扮演的角色，其在無塵室中接收並傳遞許多不同型式的污染源。

　　根據定義，產品最大的風險出現在所謂的「關鍵的區域」。這是該產品開放且暴露在污染中的地方。它可能需要進行更詳細的風險評估過程，而特定區域的風險圖有助於評估。

　　一個重要而困難的風險管理部分是要評估從各種污染來源的風險程度，然後控制或減少這種危險。這是 RMC 法的第二步。

16.2 步驟 2：風險評估和汙染源控制

當無塵室所有污染來源傳播路線已經確定，便可進行風險評估。也可稱爲危險或風險分析。它確認無塵室中不同風險重要性的等級，以及潛在污染產品或過程的可能。

風險評估是風險管理中最困難的部分。如果是新的無塵室，尚未投入運作，這部分特別困難。一些有用的污染濃度測量將必須要收集。然而，缺乏監測結果不應該妨礙取得初步的風險評估。它會在任何情況下，有必要在稍後階段(步驟 4)驗證和重新評估這些初步結論，且在必要時作出修改。風險評估的另一個困難是選擇正確的風險模型，其用於計算從各種來源風險的風險程度。這可能會是一個大問題，因爲使用一個錯誤的風險模型將給予錯誤的風險評估。爲了確保可以選擇正確模型，了解什麼是風險和相應的風險評估模型是有必要。

16.2.1 汙染轉移的基本方程式

方程式由兩個在無塵室的污染轉移風險推導得來。第一個途徑是「接觸」，污染的表面，如手套，服裝，機械，工具等產品由接觸轉移污染。第二個途徑是「空氣傳播」，由人們和機器污染散佈到空氣中，再沉積或進入產品內。下面給出的兩個方程式，都適用於惰性和微生物載粒子。

由於在兩個方程式的變量是決定產品污染數量的「風險因素」。如果齊備精確的數值，產品污染的確切數量可以計算出來。因此，越接近風險評估模型的基本方程式，計算風險更準確。這兩個方程式如下：

空氣傳播汙染

一個產品的風險，由空氣傳播的沉積是由以下方程式表示：

方程式 16.1

$$固定時間內空氣傳播微粒沉積到產品的數量$$
$$= 沉積率(no/cm^2.s) \times 產品暴露面積(cm^2) \times 暴露時間(s)$$

沉積速率是在一特定時間內空氣沉積到給定的面積的粒子數。

表面接觸

產品從表面的接觸的風險由以下方程式決定：

方程式 16.2

表面接觸轉移微粒數

$= $ 汙染源表面微粒濃度$(no/cm^2) \times$ 轉移係數 $\times$ 接觸面積$(cm^2) \times$ 接觸數

轉移係數是汙染源轉移到接收表面的比例。

這兩個方程式的單位可改爲更方便的單位，如果需要，例如：厘米可改爲米，幾秒到幾分鐘，甚至幾小時。

16.2.2　無塵室內「風險」的意義？

風險在 ISO 14644-6 內定義爲「危險發生機率和爲險嚴重性的組合」。在無塵室的危險可以被視爲是危險轉移到產品的汙染量，其中，「危險」代表污染的源頭。

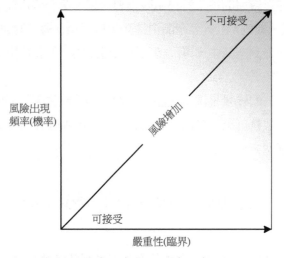

圖 16.2　風險出現頻率(機率)和嚴重性(臨界)增加造成風險增加

風險由兩部分組成，可用數學表達如下：

方程式 16.3

風險 $=$ 發生的臨界值 $\times$ 發生的頻率

第一部分是風險的「臨界值」或「嚴重性」，第二個是它發生的「概率」或「頻率」。這個概念在圖 16.2 可以看到，無論是單獨或合併，「臨值界」和「頻率」增加，風險就會增加。

在無塵室的「臨界值」是從汙染源散佈(釋放)，轉移到沉積到產品上的汙染，而出現「頻率」是表面接觸次數，或該產品開放在空氣傳播污染的時間長度。

16.2.3 風險描述和評分方法

解出的空氣傳播污染基本方程式的(方程式 16.1)數值通常可用，空氣傳播污染產品的值可以大約計算出來。然而，在表面接觸的例子，數字資訊需要的風險因素，如「接觸數目」或「轉移係數」，通常是無法使用。為了克服這個問題，風險程度，可以用描述得分如「高」、「中」和「低」和這些描述，給出一個分數。這些分數被應用到風險因素，且相乘得到所謂的「風險評級」。有時，資訊可能是這樣缺乏，所以相關的風險因素，可以用無塵室內有多少人作為一個空氣傳播污染的描述。風險描述可以被視為對風險程度資訊遺失的替代。

使用描述方法，評斷風險分數是必需的。用簡單的話表示風險的重要性對人員來說是比較簡單，然後可以對文字評分。為了獲得最大的精度，描述和分數應該跨越整個範圍內的污染風險，並分佈在一個平均值中，危險分數是按文字意義和重要性成比例的。

各種評分系統在風險評估使用，表 16.1 所示系統有效的評估無塵室中風險並在這一章使用。

表 16.1 風險評估系統

風險程度	評分
極低	0.001
很低	0.01
低	0.1
中	0.5
高	0.7
很高	0.9
極高	1

如上所述，最準確的方法評估風險是使用最佳-可用的數字資訊的基本方程式。這種對每步過程有效的風險評估，在第 18.2.5 節有討論。但是，這種方法既耗時，而細節可能沒有必要。如果需要更廣泛的做法，如整個無塵室套裝，作為主要的風險進行評估，一個基於方程式風險模型可以使用描述來進行風險評分。以下就是這種方法的例子。

16.2.4 整體風險評估方法

整體風險的方法考慮了在無塵衣所有的主要危險或污染來源，並使用 16.2 節基本方程式的風險模型。整體風險模型如下：

$$微粒或微生物汙染風險(風險等級) = A \times B \times C$$

其中：

A = 汙染源微粒濃度或微生物汙染。

B = 汙染源轉移到產品可能性。

C = 汙染轉移頻率。

風險評級，代表風險程度的一個來源，可以通過分配風險危險因素 A 到 C 決定每個污染源的分數，如列於表 16.1，並將其相乘。

表 16.2 對風險因子的風險評級分配

風險因子 A	風險因子 B	風險因子 C
粒子或細菌在來源上或內之濃度	污染從來源傳播(釋放)、移動及沈積至產品的容易程度	發生頻率–表面接觸的數量，或產品的暴露時間
極低 = 0.001	極低 = 0.001	極低 = 0.001
很低 = 0.01	很低 = 0.01	很低 = 0.01
低 = 0.1	低 = 0.1	低 = 0.1
中 = 0.5	中 = 0.5	中 = 0.5
高 = 0.7	高 = 0.7	高 = 0.7
很高 = 0.9	很高 = 0.9	很高 = 0.9
極高 = 1	極高 = 1	極高 = 1

整體方法的例子

下面的兩個例子展示了整體的風險評估方法，計算源自無塵室牆上及工作人員手中微生物載顆粒和惰性粒子風險程度(風險評級)。

範例 1：無塵室牆壁風險評估

首先，污染數量(因子 A)應被評估。取樣中該微生物和微粒在牆壁表面濃度是「非常低」，風險評分為 0.01。

風險因子 B 現在應被考慮。微粒會附著在牆上不會隨氣流散佈。當人員先碰觸牆壁再碰到產品就會轉移。這種轉移相對容易，評分 0.7。轉移發生容易但次數很少，頻率可用因子 C 表示。

人們不會在非無塵室的情況下四處去接觸牆壁，在無塵室的規定更降低其頻率。風險因子 C 可以低到 0.001。牆壁污染的風險等級可由三個風險因素相乘獲得，得到風險等級 7×10^{-6}。

範例 2：考慮人員手處理產品的風險評估。

沒戴手套的風險因子 A (表面汙染量)最大值可到 1，因為手上也許多微粒和微生物汙染。手上汙染很容易經由接觸轉移到產品，所以風險因子 B 可以達到 0.7 的高值。風險因 C 為產品被接觸的頻率為主，在本例風險為中級級分 0.5。因此評估的整體風險等級為 0.35。

手套若使用，它可以保持手部不碰到汙染，但是在無塵室內會因為接觸表面而帶起汙染。有時手套被刺破，會使汙染從皮膚傳到手套表面。風險因子 A(手套表面汙染量)具有低評分 0.1。帶手套的風險等級減低至 0.035。同樣，戴兩層手套，風險等級降到 0.0035。

由上兩例可以知道手部會造成高度潛在汙染風險，甚至比牆壁造成的危險還高。

兩例中風險評估方法同樣可用於無塵室主要汙染源評估。這些汙染源類似圖 16.1。

控制和減低整體風險

若無塵室汙染源都被認出且已知風險等級，就必須開始考慮降低風險。利用控制方法減低風險因子 A、B 和 C 的值。獲得有效污染控制方法的重要性皆應與前述的危險評估有關;亦即當愈有污染風險時，就應使用較有效的污染控制方法。如果控制方法表現在風險評估不夠有效，則應採納一個更有效的控制方法。

圖 16.1 和 15.2 則說明了控制污染傳播路徑的方法。其中包括：

1. HEPA 或 ULPA 空氣過濾網可用來防止在送風時之任何污染進入。然而，未經過濾的空氣將可以經由破損濾網的破洞通過，也可能由於粗劣的過濾網外框結構而從旁通過濾網。

2. 無塵室外側區域的空氣污染可以避免進入到無塵室，例如，經由外側走廊和維修氣艙等，更可保證無塵室之氣流方向為由室內向外側移動，亦即從較乾淨區域流向較不乾淨之區域。門必須保持關閉狀態，而用空氣鎖會減少不良的空氣流動。從欠清潔到清潔區表面污染傳遞的控制在於更衣間換穿適當的無塵衣。除了使用有黏著性的無塵室腳踏墊和地板外，移除或覆蓋髒的室外鞋，也可以妨止經由表面污染而轉移至無塵室內。

3. 雖然供給無塵室的空氣會被過濾,在無塵室的人員和機械製造散佈到空氣中的污染成為污染源。除了是污染源,它也是其他污染源轉移到產品污染的一個路線。空氣傳播污染轉移,可以藉由使用無方向性通風系統以稀釋污染,或單向通風系統將汙染帶走。隔離器或微環境等分離裝置將給予額外的物理屏障和過濾空氣。

4. 清潔可以降低從地板,牆壁,天花板,桌,手推車造成的表面汙染轉移。在生物無塵室,滅菌或消毒,用通氣系統來控制空氣傳播汙染。

5. 人員會從口、頭髮、衣服和皮膚等散播污染。因此無塵室之衣服與手套可將散播和污染減至最少,而有些不能控制的部份(例如由衣服產生)則可由通風系統減至最少。

6. 來自機器的污染,能藉由機器的適當設計減至最少,或藉由排氣系統的使用而將污染排出。清潔(殺菌,消毒,並在必要時)可控制機器上表面污染。

7. 製程原料用來製造產品或用來組裝產品,而用來承裝材料的容器和包裝應該使用不會產生污染的原料。它們也應在確保含有最低污染的環境中生產。其應該要正確地被包裝,並且確保在包裝被打開時或傳送經由無塵室走道過程時不會發生污染。製程原料若沒有足夠的清潔度,則可要求做再次地清潔,若是流體材料則須進一步加以過濾。

這些控制方法在這本書的各個章節有更詳細地討論。

16.2.5 關鍵區域風險評估

在 16.2.4 節描述的方法使用整體風險評估,確認在無塵室風險的主要污染源。然而,在關鍵區域評估污染風險是必要的。如果這是必需的,從表面和空氣傳播來的污染源應單獨分析,因為評估相關風險和控制方法是不同的。空氣傳播污染風險評估在整個生產過程中持續,但表面接觸污染的評估是在每一步過程中進行。現在則是討論作法。

■ 16.2.5.1 空氣傳播沉積風險

產品的空氣傳播污染和微生物攜帶微粒可以基本方程式 16.1 計算。時間單位是小時,如方程式 16.4 所示。

方程式 16.4

$$單位時間內空氣傳播微粒(或微生物)沉積到產品量$$
$$= 沉積率(no/cm^2.h) \times 產品暴露面積(cm^2) \times 暴露時間(h)$$

方程式 16.4 的變量(風險因子)可以發現如下：

惰性微粒的沉積速率　可由半導體晶圓或是本例的沉積皿。在已知時間內沉積到已知平板的微粒或微生物攜帶微粒數量已知，沉積速率可使用方程式 16.5 算出。

方程式 16.5

$$沉積率(no/cm^2.h) = 平均數量 \div [樣本板面積(cm^2) \times 暴露時間(h)]$$

例如，20 微粒在 3 個小時內沉積到 150 平方厘米的表面，沉積速率可以計算如下：

$$沈積率(no/cm^2/h) = \frac{20}{150 \times 3} = 0.044$$

取樣板應盡可能接近空氣傳播污染出現的的地方，並儘可能暴露在生產過程中以獲得準確的結果。多個樣品通常是必需的。微生物沉積皿應有一個適當的時間和合適的溫度，以及微生物菌落的數量計算，已建立微生物攜帶微粒沉積在盤子的數量。同樣地，沉積到取樣板或晶片的微粒尺寸跟數目都必須記錄。

如果在製造過程中，實際沉積率不能獲得，則可以使用報告的沉積速度來決定沉積速率，雖然這方法是不太準確。用方程式 16.6。

方程式 16.6

$$沉積率(no/cm^2/h) = 空氣中濃度(no/cm^3) \times 沉積速度(cm/h)$$

人員皮膚攜帶的生物微粒發散到空氣中，平均等效直徑為 12 微米微粒，沉積速率為 0.45 厘米/秒。同樣地，報告中指出半導體無塵室的微粒 ≥ 0.3 微米的平均沉積速率為 0.003 厘米/秒。微粒 ≥5 微米其沉積速度為 0.08 厘米/秒，會是一個合理的估計。

暴露於空氣傳播污染的產品表面面積必須確定。這區域也許是某容器的頸部或是產品的暴露部位。

產品暴露在空氣傳播污染的總時間，在生產過程中是必需的，但是產品受到保護免於沉積汙染的時間必須　從總時間扣除。若一批產品通過一個製程，產品通過時間為整批時間的 50%，也就是若通過製程總時間為 60 分鐘，暴露在空氣傳播汙染的時間為 30 分鐘。

微生物範例

　　沉降皿(表面面積 64 平方厘米)在容器裝滿區域暴露四個小時。平均微生物數在沉降皿暴露四小時後為 0.12。因此使用方程式 16.5：

$$\text{沉積率(no/cm}^2\text{.h)} = \text{沉降皿內平均數目} \div [\text{沉降皿面積(cm}^2) \times \text{暴露時間(h)}]$$

$$= \frac{0.12}{64 \times 4} = 0.00047$$

容器內頸部有一個 2 平方厘米區域，空氣傳播污染的時間平均 6 分鐘。微生物的數量，將通過頸部沉積，由方程式 16.4 計算。

$$\text{空氣傳播微生物沉積到產品數目}$$

$$= \text{沉積率(no/cm}^2\text{.hr)} \times \text{產品暴露面積(cm}^2) \times \text{暴露時間(hr)}$$

$$= 0.00047 \times 2 \times [6 \div 60] = 0.000094$$

假設空氣傳播沉積的微粒是隨機分佈，因此在 10000 個產品中有 1 個被污染是合理的。

粒子範例

　　一個產品表面面積 $200cm^2$ 在生產過程中暴露於空氣傳播微粒污染一小時。從證人板，或晶圓，實際的沉積速率都沒有資料可用，假設微粒 $\geq$ 0.3 微米沉積速度為 0.003 厘米/秒(10.8 厘米/小時)。空氣傳播微粒大小 $\geq$ 0.3 微米的數目在接近 ISO4 級潔淨區為 $1020/m^3(0.001/cm^3)$。

　　沉積速率可以從方程式 16.6 計算如下：

$$\text{沉積率(no/cm}^2\text{/h)} = \text{空氣內濃度(no/cm}^3) \times \text{沉積速度(cm/h)}$$

$$= 0.001 \times 10.8 = 0.011$$

從空中沉積在產品 $\geq$3 微米的總數，現在由方程式 16.4 計算如下：

$$\text{微粒} \geq 0.3 \ \mu m \ \text{沉積數目} = \text{沉積率(no/cm}^2\text{/h)} \times \text{面積(cm}^2) \times \text{時間(h)}$$

$$= 0.011 \times 200 \times 1$$

$$= 2.2$$

控制空氣傳播風險

　　產品空氣傳播污染的風險來自於微粒沉積率，產品暴露空氣傳播污染的面積和時間接觸。設計製造流程，可以減少產品暴露時間和沉積區域。可以通過增加生產線的速度，

減少產品暴露面積，或使用保護層防止產品受空氣污染。減少暴露面積或時間可以減少空氣傳播風險。然而，改進現有的製造制程可能需要大量的精力和資本開支。以下介紹比較節省精力和成本的方法：

1.　減少在產品暴露區域的人員數量。

2.　改善無塵室服裝。

3.　使用分離的設備，或者增加現有分離的設備效率。

4.　若使用一個單向裝置，進一步把操作員調離該地區並使用長鑷子等工具。

5.　提高機械的可靠性，減少人員干預的數量，使其能工作正常。

若已採取措施控制空氣傳播污染，應重新計算空氣傳播沉積到產品的減少量。

■ 16.2.5.2　表面接觸風險

表面接觸發生在穿手套和穿衣服的人員，或瓶塞，工具，機械配件，及各種配套項目，觸摸產品表面時，把原本表面的污染轉移到產品上。決定表面污染量從受污染的表面轉移到產品的是方程式 16.2。

表面接觸轉移微粒(或微生物)數量

$$= \text{汙染源表面微粒(或微生物)濃度}(no/cm^2) \times 轉移係數 \times 接觸面積(cm^2) \times 接觸次數$$

無塵室製程很少只進行一個步驟，通常需要很多步驟。因此製程中表面污染轉移到產品的數量，必須由每一步驟的風險率的總和決定。此外，具有最大風險的步驟，可以進行檢驗以減少風險。

製造過程可以是非常複雜的，在這裡只有一個簡單的例子用作範例描述這種風險評估方法。在這個例子中，產品是一個立方體，表面面積每邊四平方厘米。該產品生產步驟如下：

1.　使用未戴手套的手從一個盒子拿出立方體。

2.　立方體放在無塵室工作台上。

3.　立方體用工具吊起，調整和向後倒在工作台上。動作做了三次，每一次調整後立方體和工具回到工作台表面。

4.　最後，一個容器的蓋子被操作員的手打開，立方體使用工具離開工作台表面並放置在一個容器內。

　　污染轉移到立方體表面可以被計算出來。通過使用方程式 16.2 計算以上四個步驟風險等級，如表 16.3。應當指出，爲了提高計算精度，會使用數值而不是用整體風險評估方法的描述。「接觸面積」和「接觸頻率」是已知的，但是「轉移係數」和「表面污染」是不確定的，同時我們會使用「最佳估計」。使用「最佳估計」會比使用風險評分方法與描述得到更準確的結果，但如果不知道的數值，使用表 16.1 的描述和評分是可行的。

　　如果表 16.2 使用之資訊是數值的且準確的，那麼每一步驟算出的風險級分將給出沉積在產品上的污染數目。然而，一個「最佳估計」的數字已經被使用，因此風險級分必須也被認爲是「最佳估計」。對沈積於產品上的污染總數的「最佳估計」遂爲 369。

表 16.3　生產步驟風險等級初始化

步驟		表面上的次數/cm^2	轉移係數 [2]	接觸面積 [3] (cm^2)	頻率 [4]	風險評分 [5]
1	用手升高立方體*	1000	0.1	3.5	1	350
2	立方體置放於工作台表面*	10	0.1	4	1	4
3	用工具升高立方體*, ×3	10	0.1	0.5	3	1.5
4	立方體置放於工作台*, ×3	10	0.1	4	3	12
5	用手升高容器蓋及更換*	1000	0.01	0.1	1	1
6	用工具*升高立方體並置入容器	10	0.1	0.5	1	0.5
所有步驟						總風險 = 369 級分

*影響表面

注意：

1. 實際表面污染數值應該由取樣中發現，若做不到這一點，「最佳估計」應該被使用。在本例，手部、工作台、和工具表面的數值分別爲 1000，10，和 10 次/平方厘米。
2. 轉移係數爲手指轉移的汙染，或工作台或鑷子到立方體的污染比例，給出一個值 0.1，即 10%的污染轉移。當手指拿起和更換蓋子污染轉移到容器內的機會，假定爲低，轉移係數取爲 0.01。
3. 接觸面積不應視作立方體，工具，或手指的表面面積，而是接觸發生的地方面積。立方體的一邊是 4 平方厘米。兩個指尖接觸一個表面的表面面積的假設爲 3.5 平方厘米，工具爲 0.5 平方厘米。在最後一步，蓋子取下並取代，手指之間的接觸面積和內部的容器(如果出現)是未知的，但可能很小，故假定爲 0.1 平方厘米。
4. 在接觸頻率是選方體或容器的蓋子拿起或放下次數。

減少方程式 16.2 內四個風險因子，可以減少產品汙染的風險。在這個例子中，它可以實現如下：

1. 操作員無微粒(無菌當用於微生物)手套，這減少手部表面污染到 1/平方厘米。

2. 工作台表面使用無塵室刷(或消毒劑雨刷)清潔，從而降低了表面污染到 0.1/平方厘米。

3. 該工具不使用時要懸掛，偶爾要清洗(或消毒)。

4. 立方體進行了檢查，放在工作台表面 3 次。檢查方法減少到 2 次。

5. 接觸面積藉引入一個新工具而減少，它可以適當的抓住立方體，表面面積 0.2 平方厘米。

新的風險等級計算在表 16.4。可以看出，總污染風險，已經由 369 降至 0.48，即產品污染的比例爲 0.48，大約每 10 產品有 5 個。

可以引入更好的方法以減少污染。若使用雙手套，穿透的機率最小化和第 1 步的表面濃度可能會減少到 0.1，風險等級至 0.035。如果立方體是放置在一個精密清洗盤內(或在案件微生物，消毒表面)，風險等級在第 2 步可能會減少到 0.004。總污染風險現在減少到 0.126，即產品污染的比例是 0.126，即大約每八個產品會有一個可能被污染的產品。

表 16.4 採用控制方法後的風險等級

步驟		表面上的次數/cm²	轉移係數	接觸面積 (cm²)	頻率	風險評分
1	用手升高立方體*	1	0.1	3.5	1	0.35
2	立方體置放於工作台表面*	0.1	0.1	4	1	0.04
3	用工具升高立方體*, ×3	0.1	0.1	0.2	2	0.004
4	立方體置放於工作台*, ×3	0.1	0.1	4	2	0.08
5	用手升高容器蓋及更換*	1	0.01	0.1	1	0.001
6	用工具*升高立方體並置入容器	0.1	0.1	0.2	1	0.002
所有步驟						總風險 = 0.48 級分

16.3 步驟 3：建立有效的監測程序

RMC 系統的第三步是建立一套程序去監測汙染源或是它們控制方法，或是兩者兼具。監測程序順序為：

1. 決定哪一個汙染源和轉移路徑要被監測。
2. 決定取樣頻率。
3. 使用有效的取樣方法。
4. 設定適當取樣限制使其不易被超過，並在超過時採取對應的動作。

16.3.1 汙染源和路徑監測

決定監測的路徑和汙染源是為了保證產品汙染可以受到控制.選擇跟風險等級有關。具有較高風險等級的汙染源應受到監測，而無關緊要的部份可能被忽略。因此，取樣應經常在關鍵區域進行，但由於在生產無塵室背景區域風險變小，而走廊和其他領域內的無塵室套房風險甚至更小，取樣的需求較小。無關緊要的風險區域，如無塵室天花板採樣就很少。考慮了危險的風險等級，其污染濃度和其控制方法的效率需要考慮，作為一個高濃度的污染源，在得到很好的控制下仍然需要很好地監測情況下，以防止控制方法「失敗」的狀況出現。

考慮無塵室產品製造的類型也是必要的。具有低風險污染的產品，可以從財務，可靠性，有效性，安全性來衡量，或對病人具有低風險，不用像其他高風險產品需要這麼多的取樣。

如表 16.5 所示為一些熟知的無塵室污染源危害轉移的路徑和控制的方法，以及一些如何加以監測的方法。此外，在本書隨後的章節中也可以提供更多的資訊。

表 16.5 無塵室中污染源、傳遞、路徑、控制與監控的方法

污染危害	路徑	控制方法	監控方法	參考節
供風	空氣	空氣過濾網	過濾氣密測試	第 13 章
無塵室鄰近區域	空氣	正壓、空氣移動控制	室內差壓	11.2 節；5.1.5 節
	接觸	無塵室腳踏墊	腳踏墊檢查	18.2.1 節
不同種類的空氣	空氣	通風	供風速率； 微粒子數； 微生物菌數； 氣流控制	11.1 節 第 14 章 15.1 節 12.2 節

地板、牆壁與其它表面	接觸	清潔(如需要時消毒)	表面微粒子數及微生物菌數計算	22.7 節 15.3 節
人員	空氣	無塵室服裝	表面微粒子數計算； 眼淚檢查； 粒子穿透檢查	20.6 節
	接觸	手套	破洞檢查； 表面污染數計算； 穿著準則	21.2.4 節 21.2.4 節
機器	空氣	通風	排氣率與氣流方式	11.1 節 12.2.1 節
	接觸	機器設計； 清潔或消毒	— 表面污染	— 22.6 節
原料	大部分經接觸	原料之製造控制； 固體用清潔，流體用過濾； 殺菌	原料之微粒子數； 過濾系統； 殺菌系統	19.2 節 不討論 不討論
容器與包裝	大部分經接觸	構成成分與製造環境殺菌	表面之微粒子數； 殺菌系統	19.3 及 22.6 節 不討論

16.3.2　取樣頻率

取樣頻率應對應不同的危險。這一決定必須對每個無塵室及製程制定，無塵衣的設計以及汙染產品的影響將左右這個決定。

　　取樣頻率與風險等級有關。風險愈高，取樣頻率愈高。例如，空氣中的關鍵區將比其餘的無塵室需要更頻繁的監測，而這將需要更多的取樣。同樣，遠離關鍵領域的表面相對關鍵區域的表面取樣頻率較低。轉移地區可能是個例外，因為比例較高的風險，所以需要更多的取樣，原因是相關的材料和人員將進入關鍵區域。

　　在一些無塵室，關鍵區域的空氣傳播微粒和微生物微粒取樣是連續進行的，其他危險可能每週或每月進行採樣。在其他無塵室，污染較小波及到產品或病人，監測的時間間隔可設置為幾個月，甚至幾年。然而，取樣的時間間隔不應超過在 ISO14644-2 的規定(見第 10 章表 10.2)。

16.3.3　取樣方法

　　RCM 系統需要一個「有效取樣方法」來監測危險。在這裡所謂的「有效」意指任何動作或方法可確定滿足達到某種目的或使系統適當操作。在監測系統方面，下列事項須加以說明：

● 取樣工具要定期校正。

● 取樣工具的收集效率是已知的，越高越好，而且變異要低，也就是精度要高。微生物取樣是很困難的。確保無塵室微生物媒體和培養條件是正確的類型，確定沒有因消毒劑殘留物留在表面所造成的增長損失，或空氣取樣微生物生長介質的脫水現象。

● 危險有足夠高的風險，必須為它進行監測。

● 確定採樣之方法，以期可以最佳且最簡單可獲得的方法來直接測量污染危害或採取控制的方法。

上述的後兩個需求並不是很容易決定的，然而，假使能正確地實行，將可確保監測的努力不會白白地浪費掉。

16.3.4　設定取樣限制

　　證明危險受到控制是必要的。一個有效的途徑是設置「預警」和「行動」限制了抽樣結果。一個「預警」等級表示該污染濃度可能高於預期，並可能從設計條件給予一個潛在的預警。這表明情況仍在控制，而沒有糾正措施通常需要啟動。然而，如果一個相對短的時間內獲得幾個「預警」，或一個不尋常的圖案結果被記錄下來，那麼這可能意味著需要採取行動。

　　一個「動作」級別設置在較高濃度的污染比「預警」水平，是一個水平，當超出，需要立即進行調查，以確定原因。調查應評估是否已經遊覽抽樣誤差造成的，或者它是一個真正的遊覽。對於每一個被認為是真正的遊覽，糾正動作需要重新控制不可接受的污染水平應當建立並立即執行。

　　即使吾人使用統計的方法，分析這些監測的結果數據與建立"預警"與"動作"等級也是一門相當複雜的課題。然而，常識判斷可藉由取樣資料指定適當的預警和動作等級。供應商建議的手段往往可以協助可以監測污染。然而，統計技術是首選的選項，尤其是無塵室內對污染很敏感的產品。統計技術知識，特別是使用計算平均數和標準差的統計分佈而不是常態趨勢分析，Schewwhart 和 CUSUM 圖表可能是必需的。這個討論超出這本書的範圍，如果需要更多訊息，應朝統計學家請教。

16.4　步驟 4：系統的驗證與重新評估

　　RMC 應定期驗證，以確保它能有效地控制污染。監測結果，從測試(或檢查)全部或部分產品將是必要的，因為這反映了污染的最重要影響。測量最後產品的汙染 必須小心施行。如果不能輕鬆完成，則製程模擬中，如無菌生產，具有確定的數額的微生物污染容器，是一種很好的替代選擇。此外，進行如下事項：

1.　風險評估模型的重新估計和風險評分。風險評估的準確性依賴於選擇的風險模型和風險評分的方法，並應重新評估看看是否可以改進。

2.　危險風險級數的重新估計。審查看是否有任何增加或減少的風險程度。任何有效的新增訊息，如新的控制方法，或額外的測試結果，應包括在重新評估內。

3.　控制方法的有效性。如果有任何增加或減少風險評級那麼應考慮到是否有危險需要增加或減少控制。

4.　抽樣方案審查。任何污染來源的風險程度的新訊息應該用於環境採樣審查程序，考慮採樣點位置或採樣頻率減少或增加的數量。採樣方法應當進行審查，以確保該方法的有效性，也是「預警」和「動作」是否應該增加或減少。

16.5　步驟 5：文件資料

　　RMC 系統需要汙染控制系統含有有效文件資料系統。有效的污染控制系統將下項事項建立成為文件資料：(1)在本章之前所述及的步驟及方法(2)監測之程度(3)監測之結果。這些應定期更新，以納入新的變化和數據。

　　定期報告應發給所有有關的人。這些應包含分析監測結果及任何偏離預期的結果。當超過"動作"階段時則應該要提報。而對於修正偏差所採取的動作或說明為何此動作是需要的措施，皆應由文件建立資料記錄表示。「預警」階段也應加以記述，特別是次數頻犯且不尋常的事。 RMC 系統報告需要定期更新。

16.6　步驟 6：人員之教育訓練

　　「風險評估小組」基於風險管理準則訓練是明確要求的。然而，在無塵室工作的人員若沒有訓練，透過風險管理控制汙染將會失敗。他們必須了解無塵室如何運作以及如何降低汙染。他們在進入無塵室前就必須完成訓練，之後則必須繼續保持。某些適合的大綱項目可參考本書索引部分來選擇。

17

Cleanroom Disciplines

無塵室之行爲準則

　　無塵室裡的工作人員是污染的重要來源。幾乎所有微小的微生物都是來自無塵室裡面的工作人員，並且他們也是微粒子和纖維污染的主要來源。他們同樣是空氣中化學污染來源。因此，有必要確保由人員活動產生且轉移到產品的污染減少到最低。這要所有人員(包括維修和技術服務人員)堅持遵守無塵室規範。應該注意的是，在無塵室中製造的產品對污染的敏感性有很大的差異，所以無塵室內之行爲準則應該能反映出這個差異性。本章列出方法，用戶可以從中選擇那些最能反映他們無塵室風險程度的方法。此外，當無塵室即將開放，管理上面臨的任務是招募，培訓和監督在無塵室內工作的人。希望本章有助於管理上的這些工作。

17.1　人員進入無塵室

　　當工作人員在走路時大約每分鐘會產生 1,000,000 顆微粒子($\geq 0.5\ \mu m$)以及數千個微生物粒子。越多的人在無塵室，就造成越大的污染濃度。因此限制最少的工作人員是非常重要的，換而言之，只有必要的工作人員才被允許進入無塵室內，並且在管理上也應徹底執行。

　　由於許多污染問題是由缺乏知識造成，所以只有受過訓練的人允許在無塵室工作，所有被允許的人員應已正式接受了各方面的污染控制。參觀的活動並不被鼓勵，且只有在監督下才能進行這項活動。如果一個無塵室設計了觀景窗，這通常代表遊客不再需要進入。特別注意服務和維修技術人員和他們的工具和材料。這會在本章末加以討論。

　　進入無塵室內部的人員不應該傳播比一般人更大量的污染。下面情況的例子可能比在正常情況時產生更多污染，也因此無法爲吾人所接受。可接受的程度將取決於該產品對潛在污染的敏感性，由管理層來決定他們的無塵室中什麼是可以接受的。

　　以下的建議包含某些辨別工作人員的準則。但應該確定這些不可包含非法與不正當的作法。名單中還包含一些臨時狀況，為暫時指派人員在無塵室以外工作的原因。

- 皮膚狀況，因皮膚的細胞通常會大量傳播污染，就像皮膚炎、曬傷或是頭皮屑等。
- 呼吸狀況，就像咳嗽或是打噴嚏所引起的感冒或是慢性肺部疾病等。
- 在生化無塵無菌室裡，工作人員必須經過篩選，以防止人員可能攜帶微生物，而在產品中滋長，並引起產品的損壞或疾病散播。他們是否適合在無塵室內工作必須依照其對產品影響或損害的程度來決定。
- 具有過敏情況的人員，因為他們的過敏症狀會產生打噴嚏、發癢、搔癢或是流鼻水等，可能將不適合在無塵室內工作。而枯草熱(hay fever)的病患可能在無塵室中能減輕一些痛苦，因為空氣過濾系統可以過濾一些過敏源。這樣的人可能因此被允許在無塵室工作。某些人員可能會對無塵室內所使用的材料產生過敏，例如：(a)聚脂纖維所作成的衣服，(b)塑膠或者膠乳的手套，(c)化學製品像是酸性物質、溶劑、清潔劑和消毒劑等，以及(d)在無塵室中製造的產品(例如抗生素和荷爾蒙)。

依照無塵室內污染風險的程度，以下的某些或是所有的建議必須特別針對工作人員加以注意，以使無塵室的污染減至最低。

- 工作人員應該要有良好的個人衛生習慣。應該要有規律的淋浴以去除頭皮屑。而且剪髮完後也應清洗頭髮以防止頭髮附著在產品之上。萬一有皮膚乾燥的問題，也應使用專用的皮膚化妝水或潤膚液來代替所缺的乳液。這應能減少皮膚方面的污染傳播。
- 某些材料，像化妝品、爽身粉、髮膠、指甲油或是其他類似的材料，其在無塵室中皆是不被允許的。任何加諸在身上的物質通常都應該被認為是一種污染物。在半導體工業中，化妝品常是一個特殊的問題，因它含有鈦、鐵、鋁、鈣、鋇、鈉和鎂等大量的無機離子。而鐵和碘離子在攝影工業中也將是個問題。其他產業即使沒有特殊化學製品的問題，也可能還是會有困擾，因為化妝品在應用時將於皮膚上沈積大量的微粒子(高達 10^9 個，對於粒子大小 $\geq 0.5\ \mu m$)。此將在無塵室中分離而造成污染。
- 在無塵室內，空氣化學污染被認為是一個問題，人員不應該使用個人用品，如香水等揮發性化合物。有些塗抹在表皮的藥物會釋放出揮發性化合物。

- 在無塵室內，手錶和首飾通常也是不被允許攜帶的。假如允許首飾攜帶進入，則必須放在衣服和手套裡面。而戒指則可能會刺破手套，並藏匿污染物。基於一些感情上的理由，像是脫掉結婚或訂婚戒指等。如果戒指下的皮膚和戒指本身有清洗，他們可能被允許保留。而且因為戒指容易刺穿手套，所以應該先以膠布將戒指黏貼起來。

- 據報導，吸煙者比正常人從口中產生更多的粒子。並且會從他們的身體產生化學氣體釋放(outgass)問題，所以必須確保他們在進入無塵室內的幾個小時前沒有吸煙。此外，也有報導指出在進入無塵室前時多喝水，也可減少從口中所散發出的粒子數目。吸菸者在吸煙後會產生揮發性物質，所以可以從氣味觀察到，這在重視化學污染的無塵室是不能接受。

17.2 不能攜帶進入無塵室之私人物品

如同一般所規定的，若與無塵室內產品製造不相關的其他東西皆不准攜帶進入無塵室。然而，只有無塵室的管理人員才能決定哪些項目會引起產品的污染。以下包含了一些應該被考慮禁止的項目。

- 食物、飲料、口香糖。
- 罐頭或瓶子。
- 有煙的物質。
- 收音機，個人音響設備，移動電話，呼叫器等。
- 報紙，雜誌，書籍，紙手帕，擦手紙和其他紙製品。
- 鉛筆和橡皮擦。
- 皮夾、錢包和其他類似的物品。
- 口袋裡的雜物，尤其可經由無塵室工作服拿到的雜物。

在這本書 19.2 節將會介紹有關製造時必須使用的材料(但也可能是污染來源)。而介紹的一些項目可以加到上述規定的項目裡。

17.3 無塵室內部之行為準則

在無塵室內，有許多行為規則都必須加以遵守，以確保產品不會被污染。管理人員必須製作設計一套適合他們自己無塵室的作業程序。並且應該將這些程序公佈在換衣區與製程區，包括那些是「可以做」，那些是「不可以做」的。而一般可以採用之作業程序將詳列如下。請注意，在下面的程序列表不包括選擇無塵室服裝，口罩，手套，因為這些都是在第 20 章中討論。

17.3.1 空氣的流動

為了確保空氣不會從高污染的地區流動到低污染的地區(例如：從外走廊到產品製程區)，應該要遵守下面的規定：

1. 工作人員進出無塵室時務必要先經過更衣區。更衣區不僅是用來更換衣服，而且是用來作為外部較髒的走道和內部較乾淨的製程區域之間的緩衝區。工作人員不應該使用其它的出口，例如直接連接製程區域到走廊區域的緊急出口，因為這樣將會使污染物直接進入無塵室，而且工作人員的衣服也會在進入前就被污染了。

2. 門不應該打開的狀態(圖 17.1)。如果是這樣，空氣因為空氣渦流將被轉移至毗鄰區域。任何毗鄰地區之間的溫差，也就是空氣密度差，會導致空氣流動。

3. 門不應該快速地開啟或關閉，否則空氣將會從較髒區域被泵送到乾淨區域。門關閉裝置可能有助於防止這種情況，它用來確保門關上的速度夠緩慢。

4. 門通常是向製程區域內部方向開啟，並且維持較高壓力以將門緊閉。然而，有時為了幫助工作人員搬運原料，有一些門是向外開的。此類門應裝有關門裝置以確保門對抗壓力時是關閉的(圖 17.2)。

5. 而沒有手把的門也將有助於避免手套上的污染傳遞。

6. 當經過空氣鎖的門時，工作人員應在打開下一扇門前先確定第一扇門已經閉合。在門進出口之間裝上電器式互鎖裝置可達到這個目的，但是要注意能確保有火災或電力故障時不會有人員被困住的危險。此外，也可利用指示燈來表示門是否已經關閉。用於小件物品傳遞到無塵室的直通艙口採用類似的方式。

圖 17.1　門不應該允許打開

圖 17.2　使用關門裝置

17.3.2　工作人員的行為態度

接下來的建議將考慮到如何才能確保工作人員不會造成無塵室內的污染。

1.　無關緊要的行為是不被允許的。因為活動力與污染的發生是成比例的(如圖 17.3 所示)。一般靜止不動的人大約可以產生每分鐘 100,000 個微粒子(≥ 0.5 μm)。而一個人的頭、手臂和身體的移動大約可以產生每分鐘 1,000,000 個微粒子(≥ 0.5 μm)。而人在走動時則會產生約每分鐘 5,000,000 個微粒子(≥ 0.5 μm)。快速移動的人員可能破壞無塵室的單向氣流，並可能導致更高程度的污染。如果人們走近水平單向氣流工作台，他們的行走速度將高於空氣離開工作站的速度。因此，他們可能會擾亂氣流，並使污染空氣從無塵室轉移到工作台上。

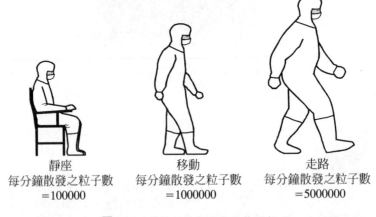

靜座	移動	走路
每分鐘散發之粒子數	每分鐘散發之粒子數	每分鐘散發之粒子數
=100000	=1000000	=5000000

圖 17.3　微粒子擴散與移動的關係

2.　工作人員應位於正確的位置上，因此污染才不會落在產品上(如圖 17.4 所示)。他們不能靠在產品上面，否則那些微粒子、纖維或微生物會從工作人員的身上掉到產品上。如果工作人員是在單一方向流動的空氣中工作，他們也要確定人員不是介於產品與乾淨空氣的來源處(亦即空氣過濾網)之間。如果是這樣，那麼將有相當多的微粒子會沉積在產品上。應規劃完善作業方式，以減少此類型的污染。

3.　必須特別考慮到產品將如何移動與操作。可能的話，應使用「不接觸」(no touch)的技術來預防手套上的污染落到產品上。雖然在無塵室戴手套防止從皮膚來的嚴重污染，他們仍然可能是污染的來源，因為它們可能被佩戴者的衣服或無塵室環境污染。

有一個使用「不接觸」方法的例子是使用長形鑷子來拿取材料(如圖 17.5 所示)。使用長鉗讓人員更遠離產品，降低通過空氣污染產品的機率。

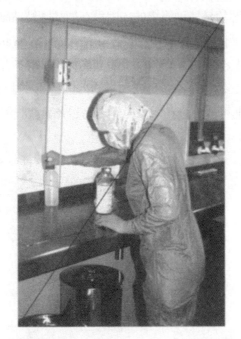

圖 17.4　不要靠在產品上並且污染產品

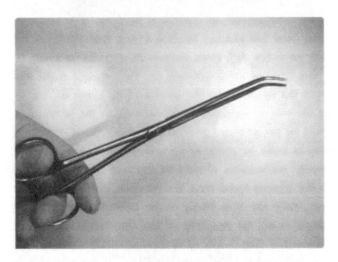

圖 17.5　使用鑷子以減少接觸污染

　　每間無塵室都應該有屬於它們自己的「不接觸」法則來確保產品不會被污染。如圖 17.6 至圖 16.9 中顯示一些在半導體領域中如何處理矽晶圓(silicon wafers)的參考例子。而這一些照片是特地籌畫的，因為在微晶圓製造廠中，以手來持握矽晶圓並不是一般的慣例，而是使用真空持杖(vacuum wand)或機械手臂(robotic manipulation)等方法。圖 17.6 顯示脫下手套的拇指接觸矽晶圓表面的情形。

　　油和皮膚產生之微粒子將會造成嚴重的污染晶圓。假如晶圓是被手握在晶圓的邊緣上(圖 17.7)，則可減少一些污染，但是仍然會有些許污染傳到晶圓的表面上。

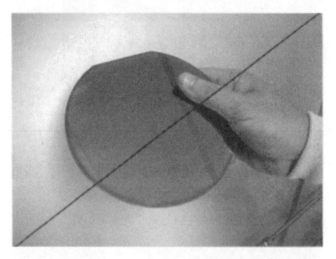

圖 17.6　不帶手套處理(極壞的技術)

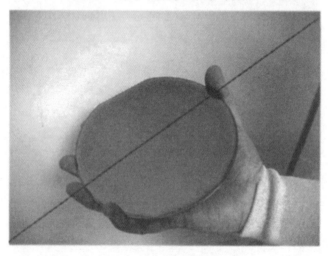

圖 17.7　沒有使用手套而以手握晶圓邊緣(不良方法)

　　使用手套(如圖 17.8 所示)將可更進一步地降低污染，雖然這方法不算好，但仍常用於線寬較大之設備且可接受低產能的情形。

　　在半導體設備廠中，晶圓將使用真空持杖(vacuum wand)來處理，其可吸附在晶圓的背面(如圖 17.9 所示)。而使用機械手臂操控(robotic manipulation)亦能有效地減少污染。

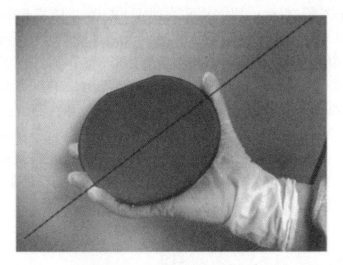

圖 17.8　戴手套處理(差勁的技術)

圖 17.9　用真空持杖處理(好的方式)

4. 工作人員不應該將工作材料夾在他們身體上(如圖 17.10 所示)。雖然他們已穿上無塵衣，而無塵衣比起室內衣服或是工廠衣服也已乾淨許多，然而，無塵衣上也無法完全沒有污染。因為微粒子會藉由纖維或微生物等都將轉移到他們所拿的物品上。

5. 如果袍或罩衫被用作無塵室衣服，手不應放置在褲子口袋，口袋內不應有雜物。沒有雜物留在口袋裡是最好的。

6. 人員工作時不應該說話，否則唾液可能從面具和皮膚之間非完美密封穿過，而污染產品。說話，咳嗽或打噴嚏可能使面具變形，且從面具表面釋放污染物。假如工作人員咳嗽或是打噴嚏，他們務必要轉身而不要面對產品。而且在打噴嚏之後，口罩要經常更換。口罩必須蓋住鼻子使大顆粒在呼氣時可以被釋放(圖 17.11)。

7. 工作人員觸碰到無塵室工作台表面是不好的習慣示範。雖然無塵室比其外部區域乾淨非常多，然而室內表面及機台設備之表面上還是會有微粒子、纖維和細菌。此外，如果工作人員摸他們的衣服或面具，他們會被手套污染。這種污染可能被轉移到產品中。而在工作人員前方提供阻擋設計，就如在醫院外科醫生的型式，將可幫助確保他們不慎觸摸到工作台表面。

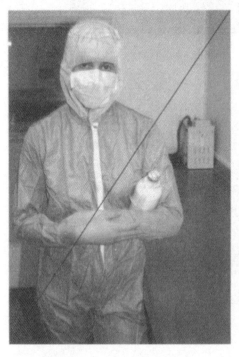 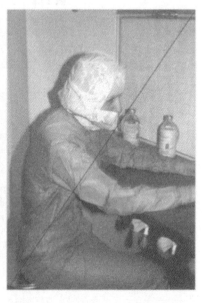

圖 17.10　不要將材料夾在身上　　**圖 17.11**　應注意確保口罩蓋住鼻子

8. 個人手帕無論材質均不應帶入無塵室內(如圖 17.13 所示)。這些很明顯的是污染的主要來源,而且將轉移微粒子到手套上,也會造成微生物粒子傳送到空氣中。此外,也不應該在無塵室內擦鼻涕。或許在更衣區是較可以被接受的選擇。

9. 走出無塵室去喝水可能需要全部或部分換穿無塵室服裝。

10. 保持手套的乾淨特別困難,所以必要時應該考慮手套的洗滌或消毒。而沖洗手套應該在處理產品的無塵室中進行。例如,在無菌的藥物生產區域,每隔一段固定時間用適當的消毒藥水(70%乙醇或是異丙醇)沖洗帶有手套的雙手,然後才開始關鍵製藥區域之操作。而酒精在使用上特別有效,因其不會在手套上產生殘留物。

11. 請勿觸摸臉上裸露的皮膚。

12. 請勿搖手。

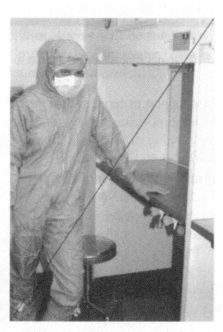

圖 17.12　不要觸碰工作區域表面

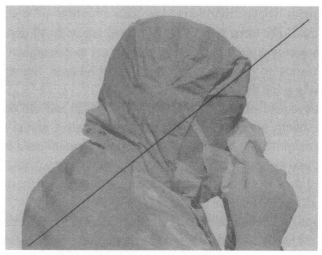

圖 17.13　不要使用個人手帕

17.3.3 材料之處理

接下來的建議將是有關於使用在無塵室中的材料，有下列事項應加以考量：

- 無塵室的抹布應該具有低的污染濃度。而抹布確切類型的選擇將取決於財務預算以及產品對污染的敏感度。它也必須決定抹布應如何使用。無塵室的抹布應該具有低的污染濃度，其它一些相關的資訊將在 20.3.3 節中詳細介紹。

- 應該要減少材料在無塵室內部和外部之間的搬運。因為每次產品搬出無塵室時，就有很高的可能性使潔淨區域受到污染，而且當再度回去無塵室時，這些污染物也會被帶回無塵室內。最好的方法就是將產品存放在無塵室內之適當區域中，或是其它鄰近的潔淨區域(有相同潔淨等級)。

- 一般而言，吾人會特別小心地去確認產品在操作階段期間沒有被污染。然而，在此之後，吾人卻經常忘記和遺漏產品存放在無塵室中會積聚灰塵。對於那些容易受到污染影響的產品，沒有使用時應該保存在密閉櫃、容器、單向流工作台或是隔離櫃中。假使無塵室的氣流是單一方向流型式的，具有能讓空氣流過的儲藏架子也將是很好的選擇。而材料也不應該被留置在地板上。

- 無塵室中廢棄的材料應立即集中在容易確認的容器中，而且要經常地移除至無塵室外面。

- 無塵室必須要保持整齊整潔。如果不能做到，無塵室就無法發揮潔淨的功能。

- 無塵室應該要正確地加以清潔(有時也必須消毒)。這個重要的主題將在第 22 章中加以討論。

17.4 維修與人員

由於缺乏訓練和管理，進入無塵室保養維修機器的工作人員可能也會有相當多的污染危害。除非另有指示，維修技術人員，在無塵室內和無塵室外採用同樣的技術。因為外來公司的維修人員可能完全沒有接受過無塵室污染控制的訓練。因此，接下來我們將為保養和維修人員訂定一些處理程序：

- 維修和服務技術人員只有在批准後，才能允許進入無塵室中。

- 維修和服務的技術人員應該接受有關無塵室的訓練，但如果沒有，他們在無塵室內時便應接受嚴密的監督。

- 維修技術人員也必須要穿著與一般無塵室員工一樣或是相同過濾效率的無塵衣，並且當進出無塵室時，也應與一般無塵室工作人員使用相同方法去更換無塵衣。他們未換穿成無塵室服裝前理應不會進入無塵室(特別是在週末，或者當沒有左右其他人)，但如果生產已經停止，無塵室衣服有效性會被降級一些。

- 技術人員應該要確保脫下如鍋爐裝等髒衣服，並且在他們更換無塵衣之前必須先洗手。

- 經常須用來保養無塵室的工具也應該要加以清潔(必要時須加以消毒)，並且儲存在無塵室內專屬的地方。而所用工具應使用不會腐蝕或斷裂之材料。例如：與那些可能會生鏽的低碳鋼工具相比，不銹鋼可能是大多數人喜歡的。

- 如果服務工程師帶來工具，則進入無塵室的工具必須先清洗。使用異丙醇酒精(通常水佔 70%)沾濕無塵室抹布來擦拭工具是個相當適合的方法。只有無塵室內需要的工具或儀器才應加以挑選，去污，並放進無塵室相容的袋子或是容器中。這確保箱子或公文包，以及與它們相關的零散的紙，絨毛等潛在的污染來源不會帶到房間。

- 備用零件或是物品，像日光燈的包裝紙，應該在產品製程區外部就要將包裝紙拆開並且要擦拭乾淨，有關。攜帶材料進入無塵室的主題將在第 19 章討論。

- 書面方案應對每個維修或測試活動加以保存，使污染控制技術可以整合。這些方案都應該加以遵守。

- 任何使用非無塵室專用紙張的說明書或工程圖都不可以攜入無塵室中。吾人可以使用無塵室專用紙影印，或將其夾在塑膠薄片之間，抑或將其置於密封塑膠袋中再行攜入無塵室中。

- 某些會產生微粒子的操作，像是鑽孔或修理天花板和地板時，應該要把此區域隔離。而使用局部抽氣或抽真空處理可以將產生的灰塵加以移除。

- 技術人員不得攜帶任何在 19.1 節名單上被禁止的材料進入無塵室。

- 技術人員必須在工作完成之後收拾整理環境，而且必須確定無塵室區域已被人員以適當的方法。清潔完畢，而且只有經認可的清潔劑、材料和設備才可以在無塵室內使用。

誌謝

我要感謝 Lynn Morrison 女士在本章中所擺出之姿勢以供每一張相片之攝影。

18

Entry procedures
for Personnel

無塵室人員之進出

　　人員由其皮膚及衣服散播數以百萬個微塵粒子及數以千計之細菌微粒子。所以對於進入無塵室的工作人員更換衣服以減少微粒子散播是極為必要的。

　　無塵室的衣服是由較不易斷裂之麻質纖維所製成的，因此，其將散播非常少的纖維及微塵粒子。此外，無塵室的衣服也扮演著有如濾網般的角色，其可過濾人員的皮膚及便服或工廠衣服所散播出的微塵粒子。

　　無塵衣的類型會隨著不同的無塵室而有所不同。在污染物控制非常重要的無塵室中，人員的穿著須徹底地包覆並預防他們的污染物發生擴散，例如連身衣褲工作服、面罩、長靴和手套等。而在潔淨等級要求較低的無塵室中，則可使用包覆較少之衣物，例如穿上工作罩衫、制服帽及鞋套即可。有關無塵衣的細節將在第 20 章再做說明。

　　不管選擇穿著何種衣物，進入無塵室前，皆必須先穿上無塵衣，而且必須以無塵衣外部不會被污染的方式穿上。本章即將描述這些典型的方法。

　　有某些型式的無塵衣為拋棄式(穿一次就丟棄)，有些則可在使用後再送去清洗和處理。然而，在一般等級的無塵室中，衣物通常會使用一次以上。在這種情況下，有必要制定一個存儲的方法來減少儲存期間附著的污染。一些可行的方法在本章節最後將有相關的討論。

18.1　進入無塵室之前

　　人員清潔度不佳時不可進入無塵室。然而，這樣的規範並不清楚，諸如人員多久須再次淋浴一次，此類科學的研究並不多。不過，很明顯地，當吾人剛理完過頭髮時，則淋浴可以去除一些髮屑。吾人也知道洗滌能夠去除一些皮膚的油脂，否則對某些個人而

言，將造成皮膚微粒子及細菌之散播增加。對於具有乾燥膚質的人，可能會想用化妝水或潤膚乳液來補充所缺油質。

首先，應考慮在無塵室工作服的內部應穿著何種衣服。由人工纖維製成的衣服(例如聚酯纖維)是優於羊毛或純棉衣物等材質，此乃因為合成纖維較不易斷裂，且散播更少的微粒子和纖維。而緊密編織的織品結構也有相當的優點，因其在過濾且控制來自人員表皮散播的微粒子和微生物方面是相當有效的。人員配發無塵內衣可以解決無塵衣表面以內的問題。它的材質應該是：(a)非掉毛，及(b)有效的過濾人員散佈的顆粒。

工作人員應該考慮是否可塗化妝品、噴髮膠、擦指甲油等，這些在家中或許是必須的，然而在進入無塵室之前則應該優先加以去除。此外，也應該考慮諸如戒指、手環、手錶和貴重的物品是否可帶入工作場所，而拿掉後應如何保管這些物品等。諸如此類問題與員工進入無塵室之相關事項已在 17.1 節中作了說明。

18.2　更換進入無塵室之服裝

改變進入無塵室之穿著，是減少污染由服裝上產生最佳之方法之一。而其中之一方法將在隨後述及。有些建議程序可能對較低階等級的無塵室是不必要的，而某些更進一步的程序也應特別加以規範使用，尤其某些無塵室製程中之產品對污染物非常敏感時。替代的方法可用於現有的無塵室，而只要他們污染控制的水平合乎無塵室的標準，則是可以接受。

有關更衣區之設計在第 5 章已有所討論，而且已說明更衣區通常會加以分區。這些可能是個別的房間，或是以跨越式工作檯分隔之單一房間。而更衣區隨不同案例會有不同的設計，但一般較常見者可分為三個區域：

1. 前更衣區。
2. 更衣區。
3. 無塵室入口區。

人員將依下列的原則走動穿越在不同區間。

18.2.1　接近前更衣區

在換穿無塵衣服之前，人員最好先把鼻子擤乾淨。這在無塵室是不允許的，如果在換穿前做到這一點，則可節省不必要的出行的無塵室。人員還應當考慮是否應該去廁所。

在某些無塵室中，平常穿的外出鞋並未脫下，或未被有效地覆蓋時，則適當地使用鞋子清潔機(shoe cleaner)是必要的。無塵室的鞋子清潔機是專為控制待清潔鞋子的污染散播而設計的，其中一種如圖 18.1 所示。

黏性無塵室墊或地板經常使用在往更衣間的路上，有時候則放在更衣間和生產室中間。這些黏墊通常是特別為無塵室使用而生產的。一般而言其有兩種形式。一種是由數層薄板狀且具有黏著薄膜塑膠片所組成，而另一種是由較厚且有彈性的黏性塑膠組成。此兩種皆可由穿著鞋套的人員走過黏墊時而將污染物移除(如圖 18.2)。當腳踏黏墊使用一陣子之後將會變髒。若是薄膜塑膠片形式的，則可撕掉弄髒的那層，再以新的一片繼續使用。而如果是使用較厚且具彈性之黏性塑膠時，則其表面需再次刷洗。

若是使用薄膜塑膠片黏墊時，鞋子應在黏墊上踩踏至少 3 次，以確保所有鞋套上的污染物皆已全部移除。如果使用彈性型無塵室地板，覆蓋地板表面面積必須足夠大到容納一個足夠數量的步數以確保有效去除污垢。其約至少 3 步，且總共 6 步為原則。

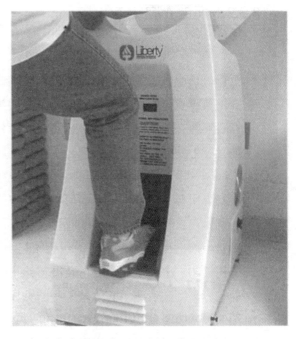

圖 18.1　無塵室鞋子清潔機

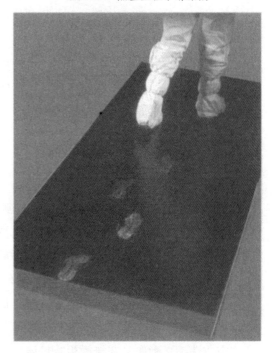

圖 18.2　無塵室腳踏黏墊

18.2.2 前更衣區

在更衣區內應遵守下列之步驟：

1. 工作人員應脫掉多餘的便服或工作服，讓自己穿上無塵衣後較爲舒適。若公司有提供並指定穿在無塵衣內部之衣物時，也應更換所有便服並且穿上此類工作服。根據公司政策，戶外靴(Boots)及戶外鞋(Shoes)應該被移除，並穿上無塵室專用鞋。口袋裡的東西可能需要被移除，特別是在衣服(罩衫)有磨損的情況下。

2. 手錶，戒指和首飾應被移除。因爲他們可能藏有污染物，會產生化學成份及微塵粒子污染，而且容易刮破無塵手套。若某些結婚戒指是乾淨的且爲圓滑型式，則可以帶進無塵室。但若戒指不是圓滑型，則應先用膠帶黏貼。而有些物品，如香菸與打火機、皮夾及其他貴重物品則應妥善地加以保管。

3. 應先卸除臉上的妝，若必要時，可使用一些皮膚保濕品。保濕品不應該含有可以造成污染的問題的化學物質。

4. 應戴上拋棄式伸縮無塵帽或是髮罩。此可確保頭髮不會暴露在無塵室中。

5. 適時地戴上無塵口罩。

6. 應穿上拋棄式鞋套或換無塵室指定的無塵鞋。

7. 若位於此區域有手部清潔系統時，當洗完雙手後應加以烘乾，若必要時，可適當地於雙手上塗抹消毒殺菌液。然而，最佳的步驟是在更衣區先試穿上無塵服裝，再清潔雙手。假如隨後將戴上無塵手套及穿上無塵衣，則可先在此處完成洗手之動作。在無微生物地區，就必須使

用合適的皮膚消毒劑洗手。並且雙手應以無絨毛之毛巾擦乾或是利用烘手機烘乾。若使用手部烘乾機時，最好是採用不會使灰塵污染到地板的型式。普通廁所中找到的類型能發出超過 10 萬顆粒 ≥ 0.5 $\mu m/min$。

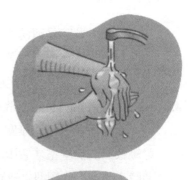

8.　當由前室進入區進入更衣區時。其可用門或是橫條型長凳來做兩區域之分界。橫條板凳確保人員不能走在兩個區域之間，也方便穿脫。使用專用無塵室鞋，或丟棄式塑料鞋套罩在戶外鞋外面。若未使用長凳隔開時，則應使用無塵室專用腳踏黏墊或黏性地板。工作人員應站在腳踏黏墊上並將無塵鞋置於腳踏黏墊上至少 3 次，以確保清潔及最少的污染物轉移進入下一個區域。

18.2.3　更衣區

　　無塵衣應該在此區域更換。無塵室中所使用之服裝應在此區域中穿上，以下為幾種建議使用之方法。在此是假定所使用的服裝為無塵面罩、頭罩、連身工作服及長靴，但它也適用於使用無塵帽、長袖上衣及鞋套之場合。一般而言，這些服裝之穿著順序須由身體上半部往下進行。

1.　穿著之服裝應經過選擇。假如使用新的無塵衣，應檢查其大小及包裝是否未被撕裂或密封完整。隨後才可將此包裝打開。

2.　應戴上無塵室面罩及頭罩(或帽罩)。至於面罩應載在頭罩之內部或外部是有些許不同的。應以最舒適方式作為選擇依據。當戴上頭罩時，頭髮須先包覆於頭罩內並扣上領扣，或在頭罩之後面打結，並調整至最舒適為原則。

3.　若此區域已裝有手部清洗系統，應在此區域將雙手清洗完成(必要時並加以消毒殺菌)。對

工作人員，此時是清洗雙手最佳時刻，因此時無塵衣將在此處穿著，且身體會產生污染的部份(如頭髮和臉)應不可再觸摸。

4. 戴上暫時性無塵手套通常可防止無塵衣的外面受到污染。這些無塵手套只有在清淨等級較高的無塵室才會限定使用。因此必要時，應戴上此類型之無塵手套。

5. 無塵連身工作服(或長袍)應先移除其包裝，且打開時勿觸碰到地板。有時還可拿至無塵室之洗衣房清洗，再以同一方式將無塵衣摺好，這將減少無塵衣接觸地板的機會與人員雙手污染衣服外部表面。若上述之方式無法執行，則可考慮下列的方法。

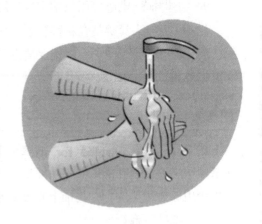

而若是穿著無塵連身工作服時，則應先移除包裝且打開時不可碰觸地板。將其拉開拉鍊打開並調整好方向，以便拉鍊遠端遠離有人的一端。

有幾種不同穿著無塵衣的方法，其可確保不會接觸到地板。下面是兩種範例：

(1) 其中手腕和腳踝部位，順著拉開的無塵衣拉鍊，用手抓住，無塵衣另一側用另一手抓住。腿輪流放入無塵衣，腿跟手都不能接觸到地板。手臂可接著放入，工作服順著肩膀上滑行。

(2) 無塵連身工作服先由左手穿起左側的衣袖和拉鍊，再完成右側的衣袖與拉鍊。無塵衣的腿部可以被收到腰部，一條腿可以先放入無塵衣，然後是其他部分。隨後再解開袖口，同時將手臂與其餘部份伸到工作服內。

如果褲腿在無塵室洗衣房已被折回，使它們更短，不太可能接觸到地板會更好。隨後，無塵工作服應將拉鍊拉至頂端，以確保無塵頭罩可塞置於衣領內。而在此階段使用鏡子將會是非常有用的。假如無塵工作服的腳踝與腰部為壓扣式，則應快速地將其扣上。

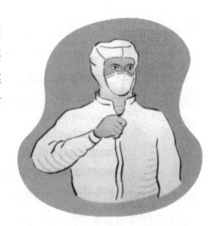

18.2.4　無塵室入口區

1. 若採用橫跨式長凳，現場應橫跨通過。使用長凳可稍微區分出較清淨之進入區與有微量污染之更衣區，且可坐著並正確地穿上無塵室專用無塵鞋(高筒鞋或長靴)。

2. 進入的工作人員應先在長凳上。先抬起一隻腳穿上無塵鞋，再跨過長凳並把腳放在進入區的地板。然後再抬起另一隻腳並穿上無塵鞋後再跨過長凳。當坐在長凳上時，人員應先調整無塵衣腿部及鞋子，直到舒適且安全。工作人員隨後將站起來。

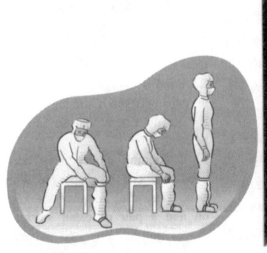
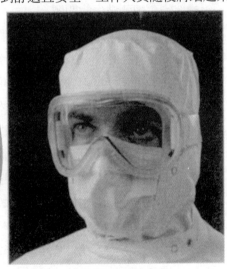

圖 18.3　護目鏡

3. 必要時，應戴上護目鏡(protective goggles)，如圖 18.3 所示。這不僅是基於安全的理由，而且還可防止眼睫毛及眉毛等掉落在製程產品之上。

4. 應利用可照出全身的鏡子來檢查無塵衣是否穿著正確。並應檢查無塵頭罩是否有隱藏於無塵連身工作服(或長袖工作服)內,並且其間無任何間隙。此外,另須看不見頭髮。

5. 假如以戴上無塵手套,則此時可以不必再更換。然而,它們也可以持續地戴著,且可再戴上另一乾淨的工作手套。同時使用兩雙手套可用來預防不小心的破洞,雖然此將減低雙手的靈敏度。

6. 如果必要,手可能再洗一次或手套可能也須再洗滌。在須有生化潔淨等級的無塵室中,藉由塗抹含皮膚殺菌劑之酒精溶液將有助於雙手之淨化(去污)。除了更有效以外,酒精溶液之使用尚可避免無塵室內洗手槽伴隨著細菌滋生的問題。

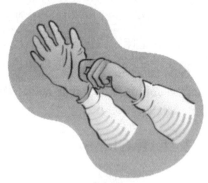

7. 在現場應戴上低粉塵發散之手套(假如必要時,須經消毒過),這樣才不會使手套外部產生污染。在一些無塵室中,此項作業已經取消,除非工作人員在製程區內。一些手套可成對於袖口處捲回包覆住(此種型式為外科醫生所採用);隨後戴上此手套時將不會被污染。此型式手套之使用步驟為,先將第一隻手套由捲摺在一起的包裝中取出,再將手伸入手套內。再由戴上手套的第兩隻手指捲下第二隻手套。隨後戴上第二個手套後,手指將正確地伸入手套內,而且將手套拉至無塵衣袖口上方。此時手套應盡可能地拉至袖口之後,並確保可以完整地包覆在無塵衣之袖口上。

8. 大部份無塵室專用之無塵手套，並不是以戴上時不會污染其表面之方式包裝在一起。這些手套必須在袖口邊握住，盡可能以接近如上所述對的方式帶上。而無塵手套以成對的包裝在一起時，其受污染程度將較少於 50 雙或 100 雙包裝在一起時，因爲在移除大包裝的無塵手套時，將很難不造成其它手套的污染。若考慮有需要時，此時手套也可加以清洗並消毒殺菌。

9. 現在工作人員可繼續進入無塵室。在進入無塵室前須再經過無塵室腳踏黏墊。

18.3　離開無塵室之換衣程序

當離開無塵室時，工作人員應該(1)丟棄所有的無塵工作服，而且再次進入時需使用整套全新的的工作服(一般只應用在製藥之生化無菌室中)，或(2)僅丟棄拋棄式的項目，如面罩及手套，但無塵連身工作服或其它工作服裝等，將在再次進入無塵室時重複使用。

假如再次進入無塵室時須完整地更換服裝時，則這些拋棄式的項目，如無塵頭罩、手套、面罩及捨棄式鞋套等，皆應置放於專用的丟棄箱中。若其餘的無塵工作服需要回收使用時，也應將其放在一個別的箱子中，並快速地送至無塵室洗衣房中處理。

若再次進入無塵室中需重複使用無塵工作服時，其應加以脫下以便使工作服裝的外表儘可能地減少污染。在每次一條腿橫跨長凳時，就脫下一隻無塵鞋。而無塵連身工作服應打開拉鍊，且利用雙手將工作服由肩膀脫至腰部位置。脫完工作服的衣袖及褲管應被抓住以避免接觸地板。脫完工作服的衣袖及褲管應被抓住以避免接觸地板。另一隻腿，現在可以脫掉，無塵衣則存儲起來。隨後也能脫下面罩與頭罩。

無塵衣若需要再次進入無塵室時穿著，則應注意儲存時避免污染。這可由下列幾個方式來達成：

- 每個穿著的部分都可以捲起來。在無塵室，鞋類應該是這樣做，使骯髒的鞋底可以帶到外面。鞋子現在可以放置在一個分類架，罩子(或蓋子)隨著套裝(或袍)放入第二個分類架。若必要時，無塵工作服亦可在放入置物箱前先以袋子包裝起來。

- 無塵頭罩(或無塵帽)可與無塵連身工作服藉由壓扣方式掛在一起，最佳的方式是置放在無塵置衣櫃內。而無塵鞋則可置放在櫃子之最下端。無塵衣最好不要觸碰到牆壁，或是避免衣服與衣服之間的接觸。而在清淨等級較高之無塵室中，無塵衣可掛在層流衣櫃(unidirectional flow cabinets)內(如圖第 5 章之圖 5.7 所示)，其是特別用以確保無塵衣不受污染的設計。

- 採用無塵衣之封套。將針對各型式之無塵衣物擁有個別袋子，且應定期地加以洗滌。

誌謝

　　此章用來作爲圖解之底圖，是經由 PennWell 出版公司之無塵室 s Magazine 所允許而採用的。圖 18.1 經 Analog Devices 允許後再製使用。圖 18.2 是經 Dycem 公司允許而再製。圖 18.3 經 Metron Technology 公司允許後再製使用。

19

Materials, Equipment and Machinery

材料、設備和機械

　　無塵室需要巨大的費用，且依據 ISO 14644-1 標準建立。這確保無塵室內有一個適當的低濃度空氣污染，以減少產品受空氣污染的程度。但是，興建一個符合空氣潔淨標準的無塵室對帶入無塵室的物品影響很小。這些物品有可能通過表面接觸污染產品。因此，有必要控制選擇物品，以及物品轉移到無塵室和使用方式，如：

- 製造材料，零部件和封裝。
- 用於製造或封裝的產品的機械及設備。
- 維修工具、設備和機械的校正或修護工具。
- 人員的衣著：如衣服、手套和口罩等。
- 清洗(消毒)產品和無塵室環境的材料，如抹布，拖把，水桶和吸塵器。
- 用於清洗和檢測無塵室表面的藥籤。
- 用於儲放廢物和副產品的材料。
- 安全服裝和設備。
- 用於紀錄的文件材料，包括紙，筆和標籤。
- 在無塵室的用具，如手推車(車)，椅子等。

19.1　在無塵室內的材料選擇

　　在沒有無塵室的廠房中，傳統製程使用的材料及物品在選擇時，不需考慮其潛在的污染問題。但如果用在無塵室內，對產品造成不能接受的污染的物品必須加以避免。

在無塵室使用的材料不應污染產品或污染無塵室環境；而潛在的污染物來源如下：

- 微塵粒子。
- 微生物細菌。
- 化學成份。
- 靜電電荷。

無塵室污染物的類型，會因不同的無塵室而有所不同，所以必須根據實際的無塵室狀況而採取避免污染的步驟。例如，有些產品只容易受到微生物的污染，而其他產品則易受顆粒，化學品和靜電污染。而避免污染的需求也與無塵室的品質有關，而在某些無塵室內，其產品特別容易受到污染，則此類的無塵室比其產品不易受污染的無塵室要更嚴格的管制措施。

19.1.1　產品的材料

由於不同產品對污染的敏感度不同，下列有一些或全部將因為會造成污染而在無塵室內必須加以禁止：

1. 由木頭、橡膠、紙類、皮革、毛織品、棉製品及其他等可能造成材料斷裂分離者。這些應該避免在無塵室內出現，因為他們會斷裂，並在使用過程中產生纖維和顆粒。而有些人也可能會留下化學殘留物污染。

2. 有些金屬表面有可能會被腐蝕，而其粉狀氧化物顆粒也可能傳播致整個無塵室而造成粉塵的來源。因此，未經處理的鋁和鋼應避免在無塵室內出現。使用不銹鋼和電鍍及陽極處理的鋁製品能避免此類的問題。

3. 當材料在經機械加工或處理可能會產生煙霧及粉塵。

4. 粉末或研磨劑應盡量減少或避免使用。操作使用粉末或研磨劑可能需要隔離使用分離設備，如隔離器，油煙罩或小環境，在每一次操作完畢時應清潔一次。

5. 油，清洗液及其他液體，如果其霧化，而會遍佈在整個無塵室並污染產品。氣溶膠最好避免使用，因為噴一次幾秒鐘會產生數百萬 ≥ 0.5 微米的顆粒。液體應使用實驗室用擠壓或噴嘴瓶直接噴在無塵室用的抹布或棉籤上。

6. 在產品很容易受到化學污染的無塵室內，其化學物品容易會逸氣及凝結在其表面應避免使用。在半導體，磁碟驅動器和奈米技術產業，不易控制的化學品接觸到產品的表面，或化學品材料溢散到無塵室空氣，然後沉積到產品的表面，這些都可能會導致問題。

7. 在一些無塵室，產品很容易受到靜電放電。而這些不能持續帶走靜電的材料則因靜電持續的累積進而放電致對電荷敏感的產品，這些都是會產生問題的靜電荷也可能吸引粉塵粒子到材料上，這些粒子可能造成污染的問題，如在成品上產生缺陷。

8. 在生物無塵室，材料容易被微生物污染。

一些物品的表面在無塵室內使用必須維持一個低濃度的顆粒污染。如果並非為低顆粒污染物的物品，則必須使用特殊的清潔技術來清潔，如根據所需的清潔水平，則超聲波，或冰施用方法可以使用。應避免粗糙的表面，因為他們難以清洗。由於這個原因，通常會要求要表面光滑或磨光。

如果所需材料為首選的製造，但被確定為污染來源，則如果可能的話，應找到替代品。如果無法找到替代品的首選材料可以使用，但只有在一個方式，盡量減少其潛在的污染。相關的污染風險，必須查明，並已採取措施控制污染降低到可接受的水平。

材料引起不可接受的污染應嚴格控制在適當的外殼，小型環境或隔離，以防止這些污染物遷移到周圍的無塵室。

19.1.2　無塵室的文件和標籤

辦公室使用的紙和筆記本不應該用在無塵室。應該使用無塵相容的文件的產品，包括塑料纖維材料製成的無塵紙和筆記本。硬質和軟尖辦公筆，以及鉛筆，橡皮，也不應被用於無塵室，鋼筆含無塵室等級的油墨可能是必要的，因為正常的油墨會產生問題。同樣，無塵室級別的基板製成的標籤可減少顆粒的發散性。膠帶應最大限度地減少顆粒沉積，其黏著劑在表面有最少的殘留。

19.1.3　無塵室設備和家具

設備和家具不應由纖維板和會分散纖維和顆粒的類似物質製成。這些物品最好由電拋光不銹鋼，粉末塗層鋼板或固體膠製成。無塵室內有軟墊的椅子應該是不脫落不透水的彈性塑料，並具有 HEPA 過濾器，阻止粒子從內部進入無塵室環境。

電子設備在無塵室內地點的選擇應予以考慮。許多設備具有冷卻風扇，排氣應通過 HEPA 過濾器，以避免污染無塵室。只要有可能，空氣排放應低於該產品的工作表面，防止不良的氣流。

帶入無塵室維持機械設備的工具箱和工具等物品，應在進入前清潔，以盡量減少污染，並保持清潔。此將在稍後的 17 節中加以討論。

存儲地點的規定和材料分配是重要的。在生產過程中一定數量的材料是需要的。然而，人們操作中可能在無塵室儲存過量的東西，以避免在儲藏室或中央供應地點間來回。包括生產原料和組成部分，還有安全用品，圍裙，手套等一次性產品。這種做法應當避免，儘量確保儲存的位置不會成爲汙染收集站，或不能輕易清洗的污染範圍。

19.1.4　清潔用品

在家庭中使用的清潔用品，如紙毛巾和紙巾，不應該用在無塵室，因爲會產生大量的顆粒和纖維。同樣，家庭拖把，抹布，和清潔的方式都不應使用。這些產品的無塵室版本，都在第 22 章討論。棉拖把也永遠不會被用在無塵室但會被無塵專用拖把取代。

19.2　來自外部製造的物品污染源

嚴重污染物品可以從外面的製造者下到達無塵室，在某些情況下，它們可能是一個最重要污染產品的原因。製造無塵室使用的材料一般由知道無塵室技術的公司生產。其產品符合工業標準和建議措施，其製造的方式，是適合於無塵室的要求。理想的情況下，他們是在相同或更好的等級的無塵室中製造。當材料是一個關鍵的成分或產品的零件，建議用戶審查供應商。要作好審查以確保執行完善的污染控制方案，並建立一個有益的用戶和供應商的合作關係。要抽驗進入無塵室的原料，才能確保遵守污染限制的規定。建立的製造商良好的記錄可能會減少或消除用戶所需要進行的測試，但是對某些行業的某些物品不太可能，如生物醫學或醫藥等行業。

無塵室製造所需的材料和物品，也許不專門爲無塵室使用，也不是在精通約無塵室技術的無塵室製造。然而，一些簡單的建議和修改製造過程可能可以減少污染。即使製造廠商沒有無塵室，要使產品品質提升的方法尚有：高水準的物品管理、使用無塵室手套、抹布和非棉絨類衣服等。此外，也應該注意到產品的儲藏和封裝。如果該產品可以從生產機器取出，並立即清洗(如需要)和進行合適的清潔封裝，曝露在不良生產環境機會降到最低，可能可以滿足需求。

要說服一家廠商生產適用於無塵室的產品可能有困難，除非能保證它能有足夠的使用者或用量。若沒有足夠的使用者或用量，使用者可能需要選擇另一種產品，或在產品使用於無塵室時仔細評估然後將汙染最小化。然而，許多物品通過特殊清潔和封裝技術也可變成適用於無塵室。這些都可以由使用者完成，但是，當使用者不願或無法做到這一點，無塵室產品供應公司可以提供這種服務並收取額外費用。

無塵室內的供給，如無塵室服裝，清潔用品和安全用品，必須進行監測，以確保正確的污染控制和劣質品生產。採購部門採用替換品的錯誤思想，以爲是爲公司省錢，應該防範。供應安全物品的供應商在安全設備是專家，但往往對無塵室的臨界環境產生忽視。任何來自採購部門的供應變化都應進行監測。

19.3 封裝和運輸材料

在無塵室內正確的封裝不僅防止在運輸過程中損壞，在製造過程中也盡量減少產品在無塵室的污染。

如果無塵室物品被放置在一個紙箱，沒有任何封裝保護他們不受污染，它們可能被紙板纖維或聚苯乙烯泡沫顆粒汙染。這些受污染物品的表面在無塵室將成爲一個污染源。即使物品被放到一個乾淨的塑膠袋，再放進一個紙箱，外面的塑膠包將被纖維和顆粒污染。然後，很難在打開袋子時防止表面污染到內部物品。這個問題是可以在物品進入無塵室時藉由依次清潔和去除層層包裹克服。這將在之後討論。

塑膠片和預成型容器是最常見的封裝材質。它們通常含有較低的顆粒，纖維和化學污染，雖然可能還是會有一些粒子，化學及靜電污染。例如，某些塑膠會產生靜電荷，放電時可能損害產品。可用靜電排放塑膠取代。其優勢在於會吸引較少粒子，因此可能更乾淨。如果考慮某些塑膠有氣體釋放之問題時，有些塑膠封裝，像是 PVC 做成的將不可用來作爲封裝材料。封裝方式應用也應給予考慮，否則可能留住污染，而在裝移除的時候發散出來。

多層次的封裝上可以使帶進無塵室物品表面的清潔程度更高。在封裝帶進無塵室時連續層可以清洗和移除，這確保了下一層的封裝正逐步乾淨，因此到達無塵室的物品乾淨多了。眞空封裝和濕擦表面也是極爲有用的方法，特別是在無塵室的前室進入階段。不過，由於物資傳遞到無塵室且表面的封裝逐步得到清潔，它可能沒有必要在外部進行清潔。封裝層的數目由物品所需潔淨級別決定，同樣包含不必要的成本和不必要的副產品浪費。接下來的實際例子將加以說明。

使用於無塵室的物品通常於製造後須個別地在預先發泡成型的箱中封裝。隨後將每單獨封裝的十個再放入塑膠箱中，蓋上密封箱子後，再用塑膠膜包覆並作真空封裝。再將這些物品放入大塑膠袋中，最後放入大型硬紙箱中以便運送。當這些紙箱運送到工廠使用前，可能會先儲存於分類保管區。必要時，紙板箱被帶到材料氣鎖以外的區域，在此大塑膠袋被拿掉，用刷子吸塵，然後用濕布擦拭。塑膠箱從大塑膠袋移除，通過材料氣鎖，方法在下一節介紹。

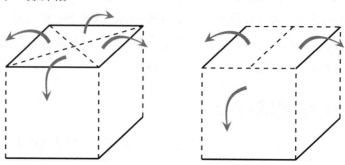

圖 19.1　兩種正確移除封裝的方法：圖示之虛線----表切割邊

拆除封裝應採這樣的方式進行，以防止污染進入下一層，最後到達無塵室物品。此也在圖 19.1 中加以說明了此兩種方法。小心的切割一個「X」或「I」形狀穿過頂到角落，然後沿著兩側，剝開邊緣，將內容物拿走。

正確的物品封裝方法將要視封裝的物品、使用用途及不同的材料氣鎖室設計而定。因此管理無塵室時，要適當且確切地說明適合的封裝材料，而且應設計出一套清潔及移除封裝材料的標準程序。

19.4　經由氣鎖室之物品及小設備組件的轉移

材料轉移氣鎖室或緩衝室用於傳送材料進入一個無塵室。氣鎖防止空氣從不潔淨的地區進入無塵室，在第 5.2.2 節有對氣鎖的描述。當氣鎖門緊閉，供應的空氣稀釋門打開時進入的汙染和人員在氣鎖內散布的汙染。一般吾人均可發現材料搬運之空氣鎖室的外門和內門皆設計成互鎖的(interlocked)。此可確保在前一個門未關閉之前，另一個門將不能打開，此亦可避免外部未受控制區域的污染不會直接傳進無塵室中。無塵室墊經常被放在氣鎖入口，有時則放在氣鎖和無塵室之間。這可以防止污染從鞋底和車輪手推車(車)轉移。

　　氣鎖室本身並不能防止材料和設備的表面污染進入無塵室。此處是要進入無塵室之物品作表面清洗或去污之處。兩種類型的氣鎖室可用來實現這個目標，根據要帶進的物品大小作選擇。氣鎖室有工作檯時，可方便將小型材料和用品轉入無塵室。但氣鎖室中的工作檯會對更大及更重的物品造成進入限制，必須使用無工作檯的氣鎖室。下面討論這兩種類型。

19.4.1　有工作檯之物料轉移氣鎖室

　　小物品要進到無塵室前需經過備有工作檯的氣鎖室。工作檯將氣鎖室一分為二。靠近無塵室為潔淨側，靠近戶外區為髒污側。物品運往無塵室都放在工作檯上。工作檯上的表面也可分為髒污區和清潔區，並相應標誌。為了說明一個氣鎖室如何運作，我們重新考慮上一節轉移到無塵室的同樣物品。

　　紙箱、紙張和聚苯乙烯泡沫封裝會造成氣鎖室的嚴重污染，不應帶進去。外袋從紙板箱去除，紙板箱並作刷子吸塵及濕布擦拭。這些是在氣鎖室外完成。用類似圖 19.1 的方法切開，並移除真空密封箱。這個箱子再帶入氣鎖室。

　　外部區域和氣鎖之間的門打開，一個人步行於無塵室墊上進入無塵室。根據不同的無塵室等級，人員穿著的水平應被考慮，如可拋棄式腳套，頭套，工作服和手套。附圖中可看出一個人沒有無塵室服裝，而對顆粒濃度較高的無塵室這將是適當的。

　　工作檯要作清潔，如果需要的話還要加以消毒(圖 19.2)。真空密封盒帶入氣鎖室，並放在工作檯的「接收封裝」或「較髒」的部分(圖 19.3)。

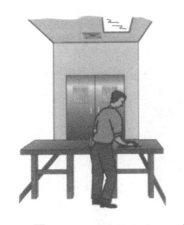

圖 **19.2**　工作檯的清淨　　　圖 **19.3**　封裝物品置放在工作檯的「接收封裝」處

當外層塑料袋被移除可能有一些污染轉移，而塑料眞空薄膜可能會進一步清理，然後移除(圖 19.4)。

已移除的外層塑料封裝現在放入一個合適的容器，物品放置在工作檯的'封裝移除'或'較乾淨'的部分(圖 19.5)。

圖 19.4 將封裝去除　　**圖 19.5** 除去封裝後將物品置放於工作檯乾淨的地方

箱子從外面被帶進來，人員離開並關上門。當門關起來時，空氣鎖室會運作幾分鐘，以使空氣中的污染物降低至對無塵室無影響的濃度。空氣鎖降低濃度的時間可通過粒子計數器測試確定。該時間可用於設置一個門互鎖計時器或門指示燈。當氣鎖已回落到要求的顆粒濃度，無塵室人員可以安全地進入氣鎖，拿起盒子帶它進入無塵室(圖 19.6)。

圖 19.6 無塵室人員拿起物品　　**圖 19.7** 物品被拿入無塵室中

然後無塵室人員回無塵室(圖 19.7)，並將塑料盒存放在無塵室。當製造需要一個組件時塑料盒蓋子被拿掉，組件被移走，然後蓋子關上。包含組件的預封裝的應移除。

應該指出的是，人員通過材料轉讓氣鎖轉移氣鎖被轉移工作檯阻擋，無塵室內標誌明確指出這不是一個緊急出口，而且所有人員都充分理解這一點。

19.4.2 無工作檯時的材料轉移氣鎖室

沒有工作檯的氣鎖經常用在人員不能攜帶的笨重材料必須進入無塵室的狀況。這些物品都是放在輪車(車)上，而不是工作檯。氣鎖可能是類似圖 19.8 所示。

木箱和紙箱封裝都將在外部清潔度較低的區域被移除，並在可能情況下，保護膜是原封不動。塑料封裝的表面或設備表面，現在應該是真空或被濕擦拭，或兩者兼而有之。這些較大的物品被裝上車，並被送入有污染的控制的氣鎖。外層包裹又被擦拭，並被穿著合適服裝的人員除去。完成此操作後，他們撤出，在氣鎖的空氣污染下降到合適的濃度。

無塵室之人員再進入傳遞區域將供應之材料物品拿走。最後一層的封裝是現在進行移除，並進行最後清潔。如果供應物品太重而無法搬運時，而將手推車推入無塵室可能是必要時，則先將此物品在空氣鎖室中擦拭清潔將是必要的。如果供應物品並不是很重，則只要使用無塵室專用的手推車，先從無塵室內推出，再將物品搬入無塵室即可。吾人也應該特別考慮到當手推車推入無塵室時，輪子所帶入的污染，因此使用無塵室黏墊或專用地板是極為需要的。

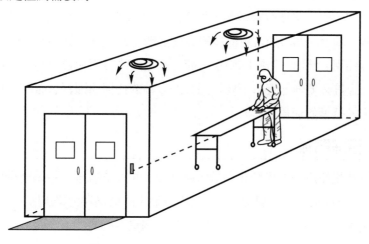

圖 19.8 適合手推車的材料轉移氣鎖

19.5　笨重巨大物品入口

　　有時需要將巨大機器或笨重物品送進送出無塵室。在無塵室設計時就必須建立一種方法，且有若干可能的方法存在。如以下所示：

1.　確保材料轉移的氣鎖足夠大。

2.　提供從外部走廊直接進入無塵室的門口。

3.　在外走廊和無塵室之間提供一個可移動的門板。

4.　若無塵室尚未設計且建造未採用上述一種輸入方法，就必須打破牆壁進入無塵室。

可能的方法現在詳細解釋。

19.5.1　大型物品轉移氣鎖

　　一個夠大的材料氣鎖是傳送巨大笨重物品的進出無塵室最好的解決方案。它的設計應該大到足以容納每件可能進入無塵室的設備。正如在第 19.4，氣鎖可分爲兩個區域由一個工作檯上。如果該巨大物品很可能是非常罕見，那麼可以使用可拆卸和更換的工作檯。但是，如果工作檯連接到地板上，它應該可以很容易地拆下來，不會成爲任何運載設備的一個障礙。出於同樣的原因，應避免提高門檻高度。如果預期帶入無塵室的機器或設備可高過門口，應當提供高於門口的可移動門板。其他方法需要這樣的門板，在本章接下來的三節有描述。

19.5.2　直通無塵室的門口

　　一個方便的解決方案獲取機械等大型物品進出的無塵室是提供一套雙門，作爲一個通道，在無塵室牆上。門口通常會直接導致從無塵室到外部非無塵室面積，因此應採取措施防止隨意使用。然而，這些門鎖定可能存在危險的員工和管理的法律責任，在案件的緊急情況。僱員必須強烈警告不要打開大門以外的任何原因緊急撤離，並應安裝報警器，以防止未經授權的使用。

19.5.3　可移除門板

　　另一種方法是使用一個模塊化系統，牆面板，可免去螺柱支持系統創建一個入口。設計和建造得當，面板可以被刪除，取而代之以最小的破壞和污染風險的無塵室。不過，該方法是使用不太方便，更容易產生污染不是一個集合的雙門。然而，它消除了緊急出口問題上段中討論。

19.5.4 無塵室牆壁拆除

常見一個完成的無塵室發現根本沒有辦法運送大型物品,如機器,進入無塵室。有時,機器之要通過可經由換衣區間,但是若材料空氣鎖室太小時,極可能換衣區域也不夠大。在這種情況下,就必須突破無塵室的牆壁。如果這是一定要做,最好是將無塵室的牆變成永久性門口或可移動門板,因為送入大型物品不太可能是一次性事件。下面描述的場景就是這個假設的實現。

牆壁的拆卸不能用正常的建築方法進行。取而代之的是必須加強工人的紀律,以確保他們使用的方法可以最大限度地減少污染。

如果無塵室人員經過拆遷區域的道路,他們很可能在他們的腳和衣服上帶著污垢,把它帶入無塵室。拆遷區域距離越靠近無塵室就越有可能進入。該地區的牆壁被破壞,因此必須被隔離及密封,沒有灰塵可以逃逸。替這個隔離區建造一個骯髒的走廊,使其遠離無塵室,是最好的解決辦法。使用無塵室腳墊有助於減少傳播污染。

無塵室內,一個孤立的區域必須使用無塵室相容的門板,如塑料薄膜的門板。這種結構應密閉所有接縫,以防止污染遷移到無塵室。隔離區內天花板空氣過濾器內應關閉或覆蓋,防止加壓這地區。空氣回流也應包括在內以防止污染空氣進入循環系統。現在拆卸現有的牆壁可以繼續進行。

無論是大件物品進入要求完全關閉生產,或正常運作的短暫停頓,都取決於一個徹底的風險評估。拆卸的牆壁是一個非常污染的活動,特別是使用石膏板或其他傳統建築材料,最好是關閉製造活動。然而,當這是不可能的,拆遷和建設在提供適當的預防措施下和無塵室活動是可以共存的。

牆上的開口可以重新配置成門口,或可移動的門板系統。拆除牆板,建築塊和其他粒子產生的材料被取出來應放入有蓋的垃圾車。徹底和頻繁的清洗,以防止灰塵被帶到無塵室。在完成拆遷時,在無塵室一邊的地板和牆壁(永久和臨時)要清理,門或門板系統安裝在新的入口點。安裝後,臨時地板和牆壁要清洗乾淨,空氣供應站和迴流柵欄可以將套子除除。空氣可以循環,臨時牆壁系統從無塵室被移除。新的入口現在需要完成,但在機械能進入無塵室並開始工作前要考慮其他步驟。

19.5.5 進一步考慮輸入的機械和笨重材料

用於起吊物品進入無塵室的設備是不太可能相容於無塵室的清潔標準。因此必須將該設備清洗乾淨，但這可能很困難，因此用乾淨的塑料薄膜黏牢覆蓋起吊設備比較好。

如果一個門口或可移動的門板系統用在低潔淨的無塵室，可以在無塵室外清潔機器，使它們進入無塵室，關上門後徹底清潔機械，且測試無塵室環境潔淨度。完整的操作可能需要幾天的時間，沒有污染的無塵室幾乎是不可能。不過，這是可以接受的。

另一種更安全的方法是豎立臨時的門或牆壁板在無塵室與外界之間來模擬一個永久氣鎖。一個暫時的密閉氣鎖足夠大到圍封機械建在非無塵室區域外的入口處，作為清潔室和氣密艙。如果入口點是一個可移動的門板，而不是一個門口，一個臨時氣鎖可能建立在無塵室的內部，在門板取下時以保護無塵室。

適當著裝人員清理臨時氣鎖內部和帶入無塵室的設備。氣鎖和無塵室之間的門被打開(或門板移除)，機械或設備接著轉移。這是通過適當著裝人員完成，並移動機械到所需的位置。門會關閉或插入門板，臨時氣鎖會取消。機械和無塵室會徹底清洗，並進行無塵室清潔度的測試。

19.6 經由傳遞窗和殺菌器之材料傳送

使用在無塵室中的物品傳送，除了用材料傳送空氣鎖室外。

一般較普通傳送小物品到無塵室內或外是藉由材料傳遞窗(pass-through hatch)。其實際尺寸大小是由欲傳送的材料尺寸來決定的，而如圖 19.9 所示是一個典型的傳遞窗，開口面積大約為 90 cm × 90 cm，而厚度約為 40 cm。該傳遞窗通常放置在一個高度，便於所有人員都可以拿到，雖然在移交重物品時地面高度會比較方便。

圖 19.9 傳遞窗

　　一些傳遞艙口不通風，而是依賴於無塵室及支援區之間的壓力差，以確保小流量的空氣在通過門時朝著正確的方向前進，即從無塵室通過傳遞窗並進入支援區。傳遞窗是用類似材料氣鎖的方式。如果當物品要送入無塵室時，可以使用下列方法：

● 在無塵室外的人員打開傳遞窗的門，並加以清潔。

● 將封裝的外層去除後，再將物品放進傳遞窗中。

● 將門關上。

● 在另一端無塵室的人員將傳遞窗的內部門打開，並將物品拿入無塵室中，如此物品就已被清潔乾淨了。如果要求更高階的污染控制，則應先加一層封裝外層，隨後經傳送窗之後再將其去除掉。

通常可見傳遞窗有電氣式或自然式的互鎖(interlock)裝置，其可防止兩扇門同時打開，也可避免污染的空氣進入無塵室內。

　　殺菌器(sterilizers)，如壓力鍋和熱氣鍋等，是用來傳送材料進出生化無塵室。為了較有效率地進行，吾人也會使用雙門式的殺菌器。當無塵室外部的門打開時，將未殺菌的材料置於殺菌機內。隨後殺菌器會開始進行殺菌循環。在完成殺菌後，將進入無塵無菌室內的門打開，並將已殺菌的材料送入無菌室中。　殺菌器隧道經常用在容器消毒，通常是慢慢地從外到內無塵室進行乾熱。

誌謝

　　圖 19.9 是經 Thermal Transfer 公司允許後再製使用。

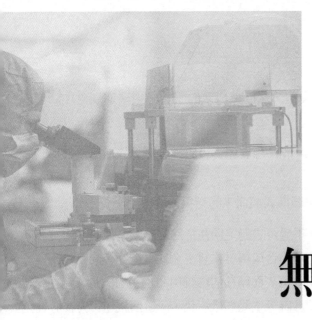

20

Cleanroom Clothing

無塵室服裝

在無塵室中工作的人員會擴散出大量的微粒子以及細菌。穿著特製服裝可以控制擴散程度與無塵室內的污染程度。

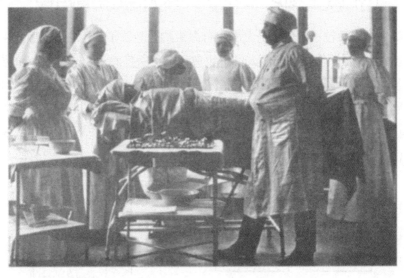

圖 20.1 早期手術室之服裝

將衣服用於減少微粒及細菌等的擴散最初起源於醫院。在十九世紀的末期，人們開始注意到，當外科醫生在醫院病房檢查病人感染的傷口時，會將病人帶有細菌的膿和血轉移到醫生衣服上。當他們轉到手術室時，就會使傷口產生感染了。

為了保護病人在手術期間的傷口，人們開始穿著殺菌過的長袍。如圖 20.1 所示為一早期醫院之手術室，由圖中可見到前方的外科醫生在其正常衣服外面另穿著殺菌過的長

袍服裝。隨後經過改良有了殺菌後的長袍，然而無塵室的服裝必須演進到更加降低污染。無塵室服裝的工作原理如下：

● 服裝需要乾淨(或有時需要殺菌)，才能夠降低在人員服裝表面上的汙染物轉移到產品上。

● 藉由降低從人員及所穿著之無塵室服裝表面而來的空氣擴散污染。

污染可藉由接觸服裝表面而轉移，不過可透過定期在特殊的無塵室洗衣房來洗滌無塵衣而減少污染。此外，使用例如聚酯類的合成纖維本質上會比較乾淨，同時也不會像如棉花般的天然纖維一樣會斷裂，能夠降低表面轉移的纖維與微粒子的數量。這些課題都將在本章稍後討論到。現在將討論關於降低空氣擴散污染，而這個議題可方便分為兩個部份，也就是不帶微生物之微粒子(惰性微粒)以及帶有微生物之微粒子。

20.1 不帶微生物之微粒子的來源與傳播路徑

不帶微生物之微粒子，也就是上面沒有微生物的微粒子，其空降擴散汙染速率會隨人而有所差異，甚至即使在同一個人身上也會每天有所差異。此外，這個人的動作越大，就會有越多的微粒子擴散到到空氣中。微粒子的傳播也會依其所穿著的衣物不同而異，但一般而言，約在每分鐘散發到個微粒子的範圍(≥ 0.5 μm)，亦即每天可高達約 1010 個微粒子。這些擴散到無塵室空氣中的微粒子會擴散到產品上，以及無塵室內的其他表面，因而會再次擴散到產品上。

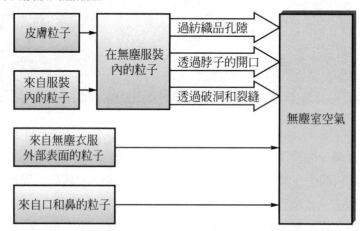

圖 20.2 由人員所散播微粒子和細菌粒子之來源及路徑

人們擴散微粒子的可能來源如下：

- 皮膚。
- 毛髮。
- 口和鼻。

- 穿著在無塵衣下的服裝。
- 無塵衣。

傳播微粒子的路徑是經由無塵衣的下列部分所散播的：

- 紡織品的孔隙。
- 身體部位沒有完全密封的位置(例如拉鍊)，脖子，膝蓋，手腕等。
- 破損的紡織品，亦即撕裂或破洞。

　　圖 20.2 所示之空污傳播其路徑和來源是穿著連身工作服時可能發生的情形。然而，穿著上衣或半身工作服時，人員的腿部和上衣的底端兩者之間是沒有隔離阻礙的，則污染將從衣服的下方輕易地傳播出去。

20.1.1　無微生物空氣微粒子之來源及其釋放機構

　　傳播入無塵室空氣之微粒子來源已在前一節中詳細列出，並如圖 20.2 所示。在此節中將更詳細討論微粒子來源之重要性及其微粒子釋放的機構(mechanisms)。

■20.1.1.1　皮膚

　　人每天大約脫落約 10^9 個皮膚細胞。皮膚細胞的表面積大約是 $33\ \mu m \times 44\ \mu m$，其厚度介於 $3\ \mu m$ 到 $5\mu m$。在無塵室中或許會發現完整或是片斷的皮膚細胞。

　　皮膚細胞可以透過盆浴或是淋浴而洗滌掉，或是當沾到衣服上經由洗滌方式去除。然而，大多數的微塵粒子將散播入空氣中。而這些皮膚微粒子即是空氣傳播污染的最主要來源。

■20.1.1.2　在無塵衣內部的衣物

　　人們穿在無塵衣內部的衣服，對於無行動能力的微粒子傳播速度有很大的影響。在無塵室服裝下的衣服若是由天然纖維所製成的，例如棉質襯衫，棉質牛仔褲或是羊毛球衣等，其會擴散出大量的微粒子。原因是這些自然的服裝原料具有非常短及易斷的纖維。

　　圖 20.3 是棉質織品構造的顯微相片，且及易看出折斷纖維的碎片。而這些碎片隨後將和皮膚粒子結合，並通過無塵衣的外層。

圖 **20.3**　棉質紡織品在顯微鏡下的相片。放大倍率約為 100 倍

因此，如果內部衣服是合成的(synthetic)紡織品，來自內部衣服的微粒子將可減少90%或更多。若內部服裝對於皮膚微粒子有較佳的過濾效率時，可以降低更多上述問題。

■20.1.1.3　無塵衣

在目前的無塵室工業中，已開始考慮到如何減少來自無塵衣微粒子的散播，亦即紡織品的無棉特性和衣服的潔淨度。正如本章節隨後的內容將會討論到，這個觀點是被過度強調了。然而，天然紡織品(像是棉布)會散發出不能接受的高微粒子量，遂絕對不用於無塵衣。

無塵室服裝主要是由聚酯或尼龍等不容易斷裂的合成塑膠材料所製成。已有證據顯示大約僅有 5%的微粒子是來自無塵衣；大多數的微粒子來自於人體皮膚以及內部服裝。

圖 20.4 所示為合成無塵衣紡織品的顯微組織相片。此紡織品無法減少空降擴散，因為在纖維之間有較大的孔隙。然而，此紡織品是由連續合成絲線所縫製而成。這可以確保較少微粒子從紡織品擴散出來。

■20.1.1.4　口和鼻

人員將由他們的口和鼻散播出微粒子。當人員打噴涕、咳嗽或是談話時皆會散播出微粒子。而從鼻孔呼氣也會散播出微粒子。這些傳播的機構以及預防的方法將在第 21章加以詳述。

圖 20.4 較粗劣的無塵衣紡織品，其在纖維之間具有很大的孔隙(大約 80 μm 到 100 μm 的等效直徑

20.1.2 粒子之空氣轉移路徑

雖然如圖 20.4 所示之紡織品型式可以去除一些粒子,但在減少粒子通過方面的效果卻極為有限。如圖 20.4 所示,在纖維交錯處的孔洞大約介於 80 μm 至 100 μm 之間,其因為織布的絲線其直徑很大以及紡織品無法織的很緊密。也因此,來自皮膚和裡面衣服所產生的微粒子也就很容易通過。所以並不是理想無塵衣的材質。無塵室服裝應以能夠阻礙微粒子通過的方式來製成。此將在稍後的 20.3 節中加以討論。

當人們彎腰、坐下、站起來、或是移動他們的手臂時,在無塵衣下的壓力會隨之上升。此壓力會隨著衣服對空氣不透氣性的增加而增大。無塵衣下的微粒子會經由頸部、腳踝、手腕和拉鍊等封閉處擠壓出來。因此較穩固且牢靠的密封能夠預防這些問題。然而,雖然它們應該極為密封緊身的,但也應該做到不會造成穿著時的不舒適。

20.2 細菌的空氣傳播途徑和來源

來自工作人員含有細菌之微粒子其來源和途徑,與無行動能力的微塵粒子是一樣的,且如圖 20.2 所示。然而,細菌粒子污染源的相對重要性與一般微塵粒子並不相同。

20.2.1 微生物的來源

人員通常是無塵室中微生物污染的唯一來源。幾乎在無塵室中傳播的微生物皆是來自於人們的皮膚,雖然,有少部分也來自口和鼻。而關於來自口和鼻污染散播的相關資訊將在第 21 章中加以討論。

人們在每 24 小時就會脫落一層外皮細胞。而其中有一小部份但卻非常重要的部分是藉由空氣散播進無塵室中。當人們穿著一般的室內服裝時,空降擴散速率大約是每分鐘 2500 個帶有微生物的微粒子,這個速率在男生會大於女生。微生物在皮膚上的成長和分裂,以微小群集(microcolony)或單一細胞的型式存在。圖 20.5 顯示在皮膚上有一群約 30 個細菌的菌落。

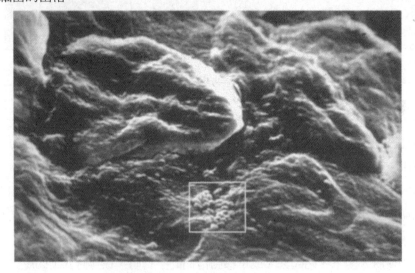

圖 20.5 在皮膚表面之細菌微小群集

其實大多數的皮膚細胞散播進入環境中時,並不一定有微生物在其表面上。一般來說,每十個擴散出來的皮膚細胞中,會有一個帶有微生物,而平均起來,這一個細胞上面又會有四個微生物。而藉由空氣傳播之皮膚細胞上的微生物類型幾乎都為細菌,因為這是皮膚上發現的微生物類型。

和無微生物微粒子不同的是,大多數在無塵室空氣中帶有微生物之微粒子是來自於皮膚。大量的無行動能力微粒則來自人員內部的衣服,而少量來自無塵衣的斷裂,但這些都不是帶菌微粒的主要來源。

20.2.2　細菌的空氣傳播途徑

帶菌微粒子經由無塵衣傳播的途徑和無行動能力之微粒子一樣，如圖 20.2 所示。其包括：

● 有孔隙的紡織品。

● 身體部位沒有完全密封的位置(例如拉鍊)，脖子，膝蓋，手腕等。

● 破損的紡織品，亦即撕裂或破洞。

攜帶細菌的微粒子也是從口中散發出來。當人們呼吸時，所散發之細菌量太少以致無法測量，然而，說話、咳嗽和打噴涕就都會產生相當大量的傳播。這些將在下個章節中加以討論。

用於無塵室服裝的紡織品，其降低微生物擴散的效能高於降低無微生物微粒子擴散。那是因為帶菌皮膚細胞之平均尺寸遠大於空氣中多數惰性微粒子。即使微生物通常僅有數微米這麼小，比方說金黃色葡萄球菌大約 1 微米(μm)，其很少在無塵室空氣中以單一細胞方式存在。就如同我們在前一節當中所提到的，微生物會依附在皮膚細胞上，而皮膚細胞的大小從 1 μm 到 100 μm，其平均有效直徑約為 12 μm。不過這些細胞中有許多仍然夠小到可以通過無塵室紡織品的洞隙。

20.3　無塵衣的類型

20.3.1　衣服設計

最有效無塵衣的類型應該是可以將人員完全地包圍覆蓋起來的。這也應由具備有效過濾特性的紡織材質來製成，而且要能確實地封閉手腕、頸部和腳部的開口處。滿足上述要求類型的衣服通常是既不舒服且又昂貴的。

選擇無塵衣是依據在無塵室內生產的製品而決定的。在較低階的無塵室中將會使用如圖 20.6 所示之帽子、拉鍊式外套(工作服)和鞋套等。而在無塵室等級要求較高標準時，則應穿著上下連身的拉鍊式工作服、高度及膝的鞋子和摺疊在脖子裡面的頭罩巾等，此種典型的服裝如圖 20.7 所示。此外，也存在一些在上述此兩種類型之間的服裝設計，可供不同場合使用。在第 20.3.4 節中會討論到更多資訊。

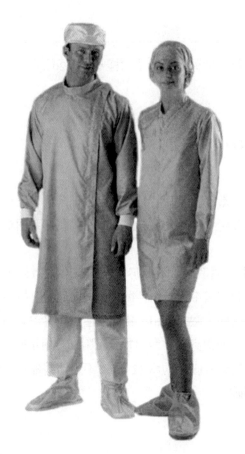

圖 **20.6** 　適合較低標準無塵室的無塵室服裝(注意,因　　圖 **20.7** 　適合較高標準無塵室之無塵室服裝
為不同的使用方式,或許會使用面罩與手套)　　　　　　(注意通常會戴上面罩)

　　雖然最佳的無塵室服裝可能要花上普通服裝 100 倍以上的價格,重要的是要注意購買好的服裝,並且要有成本效益的。公司付數百萬美元或英磅在新的無塵室上,使用人數僅少於 10 人,這並不奇怪。公司或組織內的採購人員或許會忽略其功能性,並且拒絕多花一點錢來購買夠好的無塵衣,以便能夠達到新無塵室有關空降污染的要求。

20.3.2　無塵室織品

　　當我們選擇無塵室服裝時,所使用的紡織品種類會是很重要的考慮因素。有關無塵室織品的有用資訊可在 IEST-RP CC003 當中找到。這份推薦文件是一份對無塵室服裝詳細說明的文件,是由環境科學與科技研究院(Institute of Environmental Sciences and Technology)所出版的,相關資訊可以在本書第 4 章當中找到。

　　無塵衣布料應具有抗斷裂擴大的特性。然而，最重要的性質應是衣服要具有過濾來自皮膚和無塵衣內部衣服污染的能力。而此無塵衣織品的有效性應該能夠藉由測量空氣透氣性、粒子攔截性和孔隙尺寸來加以評估。而這些測試將在 20.6 節中加以討論。

　　一般來說針織布料被認為不適合用於無塵室，由於其織品的不穩定性以及可能會因為其織品當中的孔隙而使得污染容易通過。無塵室織品通常都是由尼龍線與聚酯線所織成的，最常見到的是聚酯。此類型的衣服在穿過後，可以經由無塵室洗衣房以特殊方法處理後再次穿戴。用來生產無塵室織品最常見的編織法式平紋織法，這種織法可以織的很緊密，以便產生一個較有效的屏障。通常當無塵室織品被編織完之後，會經過壓延這道手續，其將織好的布料通過加熱的滾輪，以便將絲線軟化並整平；這可以減小織品內的空隙尺寸，以及減少微粒子的穿透率。

　　圖 20.8 顯示了一個由很細單股聚酯絲線所製成的紡織品，其相較於圖 20.4 中寬鬆紡織品，其顯示了一個較為緊密的織法。因此這是一個較佳的微粒子過濾器。然而，我們也可用更小直徑的纖維來編織出更緊密的無塵衣。此衣物在避免頸部和手腕封閉時所形成額外壓力的問題上，甚至能有更好的效果。

　　非編織類的織品(如 Tyvek)可用來作為單次使用或限定使用次數的無塵衣服製作。這些織品在使用之前，應該要在無塵室專用洗衣室進行洗滌，不過通常不建議重複使用。通常這類衣服是給一般拜訪者或是建造無塵室的工人身上使用，偶爾定期會在無塵室當中使用。而某些其它非編織類的織品也已成功地用於無塵室衣服的製造上。

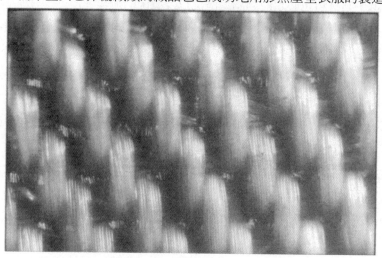

圖 **20.8** 典型無塵衣織品之構造

使用層壓上合成紡織品或之間的可透氣膜之彈性膜屏障紡織品材質，如 GoreTex，是非常有效的。

這些紡織品通常是很貴的，因此通常會在較高標準的無塵室內使用。

人員的動作在無塵衣內部形成空氣壓力，而且當無塵衣越緊密時所建立的壓力越高。這會導致未過濾的空氣從密閉空間中跑出來，因此在脖子、袖口以及褲子底部的接縫必須要確認密封。

在服裝中的孔隙與裂縫必須要保持在最小量，否則污染會從這些裂縫中無阻礙的流出。因此，無塵衣應該在洗衣房及穿上前就加以檢查。任何有破洞或裂縫的無塵衣都不應該在無塵室中使用。也因此必須注意藉由良好的織品構造來使無塵衣的破洞減少至最低的限度。

20.3.3 衣服構造

無塵室服裝應該要確保在生產服裝時並不會產生汙染。而且應該要注意下列事項：

- 避免因為磨破而使織品產生粗糙表面。

- 邊緣、連接處及收線處的構造應該要預防：(a)從磨破邊緣而跑出來的鬆散絲線；(b)縫合線分離，及(c)未過濾的氣體從針孔處通過。

- 透過選擇如合成纖維以及複絲粗紗等正確縫製絲線來縫製衣服，以將汙染物的排放減到最低，其材料也必須能夠滿足清洗以及滅菌的過程。

- 減少從拉鍊、束帶、鞋底、以及其他用來生產服裝的物品處的外洩，這些東西不應該被削除、破裂或是腐蝕。而且也應能夠耐得住不同的洗衣方式和必要的消毒作業。

- 為了防止塵土堆積，衣服上不應該有口袋、腰帶、摺痕、摺縫或魔鬼氈或黏扣帶(Velcro)，或其他類似的堆積可能處。

- 減低微粒子的收集與外洩，藉由避免有折的領子、袖口、縫上的徽章、或是放筆的缺口等。

- 降低從寬鬆袖口所溢出的汙染。具有鬆緊帶或針織的袖口穿戴時較為舒服且容易穿戴，但是其並非是一個有效的過濾屏障，同時未來它會變的沒有彈性並且可能成為汙染的來源。

20.3.4　衣服的選擇

表 **20.1**　在 IEST-RP-CC003.3 中推薦的服裝狀況

服裝	ISO 14644-1 潔淨等級						
	ISO 等級 7及8	ISO 等級 6	ISO 等級 5	ISO 等級 5(無菌)	ISO 等級 4	ISO 等級 3	ISO 等級 1及2
內襯衣	AS	AS	R	AS	R	R	R
髮套	R	R	R	R	R	R	AS
手套	AS	AS	AS	NR	NR	NR	NR
防護手套	AS	AS	AS	R	R	R	R
面罩	AS	AS	R	R	R	R	AS
頭巾	AS	AS	R	R	R	R	AS
動力頭罩	AS	AS	AS	AS	AS	AS	R
連身衣	R	AS	AS	NR	N	NR	NR
全罩式衣	AS	R	R	R	R	R	R
兩件式衣	AS	AS	AS	NR	NR	NR	NR
鞋套	R	AS	AS	NR	NR	NR	NR
靴子	AS	R	R	R	R	R	R
特別鞋子	AS	AS	AS	AS	AS	AS	AS

R = 推薦，NR =不推薦，AS = 適用於某些特殊狀況

　　用於無塵室的衣服類型可能有非常多不同的類型。不同類型的無塵室中的衣服類型相關資訊可參考 IEST RP-CC-003.3，並如表 20.1 所示。

　　製藥業無塵室衣服的類型相關資訊可參考 2008 年版的歐盟 GMP 指導手冊 (European Union Guide To Good Manufacduning Praetice)之附件 1。而在製藥無塵室之各種等級(Grade)中對無塵衣類型的要求如下：

等級 D [大約相當於 ISO Class 8，at rest 狀態]：
毛髮和附近鬍鬚等皆應該要加以遮蓋。應穿著一般保護性的服裝以及適當的鞋子。

等級 C [大約相當於 ISO Class 7，at rest 狀態]：
毛髮和附近的鬍鬚等皆應該要加以遮蓋。也應該穿著單一或兩件式的褲子套裝，衣服袖口應打摺裹緊和高領穿著，且應穿著特定的短靴或鞋套。無塵衣也應該幾乎不會脫落任何的纖維或微粒狀物質。

等級 A/B [大約相當於 ISO Class 5，at rest 狀態]：

應使用頭套完全包圍住毛髮和附近的鬍鬚等，且頭套也應收進套裝的領子內，應穿戴面罩以防止小液滴的散播。此外，也應穿著經適當消毒、沒有粉末的橡膠或塑膠手套，以及殺菌或消毒過的鞋襪。腿褲應收在鞋襪內且衣服袖子應收在手套內。而防護性的衣服應該幾乎不會散發任何纖維或微粒狀物質，並具有攔截身上所散播微粒子的功能。

FDA 對產業的指引(2004)建議：

「長袍應該要經過滅菌且沒有開口，同時可以覆蓋皮膚以及毛髮(面罩，兜帽，鬍鬚罩，風鏡以及彈性手套這些都是一般無塵衣的基本配備)。」

20.3.5　舒適

　　無塵室衣服通常可能是既悶熱又不舒服的，因此應該盡量在製作時考慮到最大的舒適性。衣服應有不同尺寸可以選擇。如果衣服是可重覆使用的，那麼最好經過量身訂做，而且應配發給每個工作人員都有自己的無塵衣。而無塵衣的設計也應該注意能提供領子、腳踝和手腕的密閉性，但又不失其舒適性。

　　鞋套有時也會產生某些問題。簡單且薄的塑膠鞋套可能會產生破洞，並掉落和黏在無塵室地板上。如果能選擇更多紮實材質製成的鞋套，鞋底將不會沾污地板或在溼地板上滑倒。因此，使用良好的鞋套緊固系統以確保鞋子安全貼合也相當重要。

　　無塵衣的舒適性也應經由某些舒適的指標(如透濕性 MVTR 和隔熱值 Clo)來加以評估。然而，雖然其可提供舒適度的指標，但最好還是要讓工作人員在無塵室中試穿。無可避免的，工作人員會較喜歡防護較少的衣服，因為空氣流通較好，較為舒適。因此將以污染控制的優越管理來加以限定，但適度的妥協或許也是必要的。

20.4　無塵衣的處理方法與更換的頻率

20.4.1　處理

　　無塵衣使用一段期間後會變髒，遂須定期使用新的無塵衣替換。如果是使用可丟棄式的衣服時，則可以簡單地將其扔掉，雖然也有些無塵衣能夠經由少量地處理後能再次使用。如果此無塵衣須再回收使用時，那麼通常須在無塵室洗衣房中加以清潔。其他例如抗靜電、消毒以及滅菌等過程，也可以在一個合適的無塵室洗衣房中進行清潔時進行。

　　無塵室洗衣房僅是為了處理無塵衣服而建造的。典型的無塵室洗衣房將與圖 20.9 所示的設計類似。其將設計有一個污物區域(soil area)來將所回收的衣物加以分類，以使交叉污染(cross-contamination)減至最小。而鞋套將另行分開處理。來自不同無塵室的衣服應該要保持在不同的地方進行清洗，以確保在其中一間無塵室的化學物質或是有毒污染物不會轉移到另一間無塵室的衣服上。此外，這個區域通常也會用來檢查並且修復這些服裝。

　　衣服隨後將放入一個穿越(pass-through)式洗衣機中，因此髒的衣服將從洗衣機供應端送入，而洗完之乾淨衣服將從另一端出來，並而直接進入摺疊區域(folding area)。水源使用已經處理淨化的水來供給此洗衣機。此時要特別考慮洗滌劑以及添加劑的種類。比方說，陰離子的洗滌劑可能會包含鈉離子，而對於某些半導體製程中是不可以使用的，像這樣的時候最好是使用非離子性的表面活性劑。有時在洗滌無塵室服裝時也會用到乾洗機；這些機器可能會產生化學物質氣體外洩的問題。

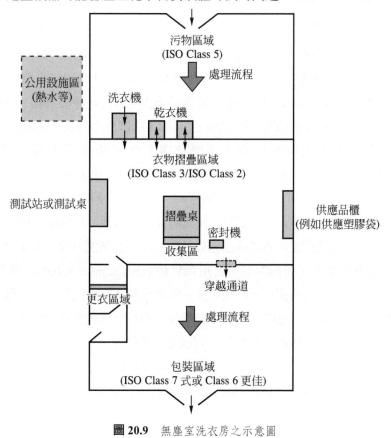

圖 20.9　無塵室洗衣房之示意圖

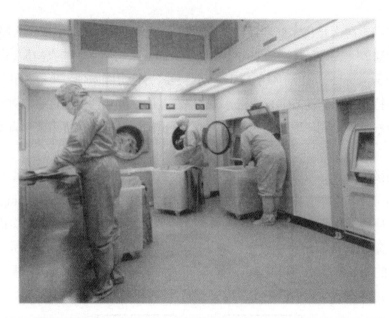

圖 20.10 具有洗衣機、滾筒式乾衣機和摺疊桌之無塵室洗衣房

當這些服裝從洗衣機中拿出來後，它們會直接進到折疊區(請參考圖 20.10)。這些無塵衣隨後將裝入供應過濾空氣之滾筒式乾衣機中，或許會使用隧道烘乾機。當烘乾完後，須檢查這些無塵衣有無破洞或裂縫，最後再摺疊並放入乾淨袋子裡。這些經密封且由摺疊區域送出的衣服，隨後將經過穿越通道而進入處理分送的包裝區域(packing area)。

如果希望衣服上沒有微生物，那麼無塵衣就必須進行消毒或殺菌。消毒(sterilisation)(即殺死全部微生物)可藉由加熱、化學氣體或輻射等方法來加以實現。然而，這些方法卻沒有一個可以完全令人滿意的。用熱蒸汽鍋可能會導致無塵衣嚴重收縮、變皺，從而加速布料惡化。由環氧乙烷氣體進行滅菌對於紡織品的傷害較小，但是因為其帶有毒性，因此其需要將紡織品放置於高溫處使其氣體外洩；即使如此，殘留的化學物可能還會產生不必要的問題。使用伽瑪輻射線(gamma radiation)是較普遍的方法，雖然它可能導致衣服的褪色，而且最後亦將導致無塵衣的破裂。另一種方式是在清洗時使用殺菌劑。這個方法應該不會破壞紡織品，而且也比較省錢。然而，此法可能留下一些微生物在衣服上，因此在某些場合可能也不被接受。

清潔處理過程的有效性，通常可藉由檢查經處理衣服表面上的微粒子數目來加以決定的。某些樣品通常將由摺疊區域中取樣並加以測試(如圖 20.9 所示的測試站)。這些方法都在 IEST-RP-CC-003 中描述。

20.4.2　更換的頻率

更換無塵衣的頻率將隨不同使用狀況而有所不同。一般人會認為對於污染越敏感的過程，更換無塵衣的頻率將會越頻繁。然而，那並不是必然如此的。在某些具有最潔淨等級要求的半導體工業無塵室中，一星期換一次或兩次的衣服即可，也不會在空氣潔淨等級的品質上有任何明顯負面的影響。而另一方面，在潔淨等級並非很高的無菌製藥產品區域中，每次人員的進出卻都要換穿新的無塵衣。在典型無塵室中之衣服更換頻率指導可參考 IEST-RP-CC-003.3 法規，並如表 20.2 所示。

表 20.2　依據 IEST RP-CC-003 所推薦的更換衣服頻率

無塵室等級	ISO 7 及 8	ISO 6	ISO 5	ISO 5 (無菌)	ISO 4	ISO 3	ISO 1 及 2
建議更衣頻率	每週 2 次	每週 3 次	每日	每次進出	每次進出	每次進出	每次進出

注意：在某些地理區域需要注意季節性因素的影響。注意以上的建議並非基於科學方面的數據，而是撰寫 IEST-R.P-CC003.3 手冊之工作小組所收集到的經驗。每個人員之無塵衣更換頻率應視每個個案狀況差異而決定。

20.5　衣物洗燙和磨損的影響

從微粒子移除效率的觀點來看，無塵衣通常在新的時候是最好的。而當衣服變老舊時，其纖維織品將會分開而允許更多的微粒子通過。這個現象會同時發生在壓延過後以及未壓延過的服裝上。經過重度壓延的服裝在經過洗滌以及使用後可能會變的更鬆弛，開口也越多。

筆者的研究之一是探討兩件衣服的孔隙尺寸和粒子穿透力的關係，當它們從全新到洗過 40 次之後。其中一件是由重壓輪製成的織物，它的孔隙尺寸從 17.2 μm 增加到 25.5 μm，但另一件相同編織成的織品，用較不沉重的壓輪製成時，則其孔隙僅由 21.7 μm 增加到 24.6 μm。而吾人也觀察到微粒子穿透的類似變化。當無塵衣的使用者說其無塵衣已洗過一百多次時，其孔隙直徑將由 18 μm 增加到 29 μm。因此，可明確地得知，無塵衣的污染控制性質將隨著清洗的時間次數增加而劣化，而且對於某些材質的無塵衣，此情形將更形嚴重。

無塵衣通常會因為不小心或磨損而造成破洞和撕裂，這也將造成一些問題。在無塵室洗衣房應該也要對服裝進行測試。

20.6 無塵衣之測試

經由實驗室之測試可以評估不同類型無塵衣的污染特性。第一種測試是紡織品的測試。這個測試將確定其可能的過濾性質，我們將在下一節中討論。第二種測試是考慮整個服裝系統的效果。通常會在一個擴散房間或是擴散測試箱中進行測試，我們將會在 20.6.2 節以及 IEST-RP-CC-003 中討論這些方法。

20.6.1 織品測試

無塵衣織品纖維污染控制的性質，在筆者的研究中顯示有相當大的差異性。當等效氣孔隙直徑從 17 μm 到 129 μm 變化時，空氣之穿透性約從 0.02 到 25 ml/s/cm^2，而此測試是針對移除粒徑 ≥ 0.5 μm 的粒子，且移除效率從 5%到 99.99%，以及粒徑 ≥ 5 μm 的粒子，移除效率由小於 1%到 99%所做之測試中獲得。由上述的研究顯示，污染控制性質效率之差異極大，因此應特別注意無塵衣織品的選擇。

經由上述實驗室之測試後，筆者大概可以得知當此織品製成無塵衣後是否可操作良好。然而，為了比較整體的無塵衣特性，必須以真正進入無塵室的實際工作的狀況為準，因此，有必要再以無塵衣人體測試箱加以測試。

20.6.2 細菌與微粒子之散播

如圖 20.11 為筆者在 1968 年第一次設計之人體測試箱示意圖。透過此測試箱頂部的 HEPA 過濾網可供應沒有細菌和微塵粒子的空氣。而再由一位自願者穿著預計加以研究的無塵衣進入測試箱中。在測試箱內的污染被吹出之後，此人便可隨節拍器的拍子而運動。因此，每分鐘運動所散播出的細菌和微粒子數量即可加以計算。隨後可經由分析這些結果來說明無塵衣身體測試箱之實用性。

■20.6.2.1 無塵衣設計對污染散播之影響

無塵衣應設計成可將人員裹覆包圍起來，並可防止污染的散播。來自男性自願者在人體測試箱中每分鐘平均散播的細菌量，如表 20.3 所示。人員在穿著標準的內部衣服後，再穿上不同設計之化學合成織品無塵衣進行測試。

由表中的結果也可很明顯的看出，當工作人員穿著越多的衣服包圍住身體時，就有越佳的效果及越少的細菌微粒散播。在人員日常衣著上再穿外科醫師類型的長袍可減少

散播，但不能阻擋來自長袍下方的散播。此外，使用褲子和襯衫的兩件式無塵衣方式將更爲有效，但空氣可能將從頸部及褲子開口處散播出來。若能穿戴全罩式帽套，且將頭巾收入工作服中，並穿著及膝的高筒靴子，將可獲得最佳的效果。

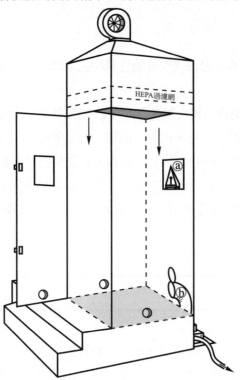

圖 20.11　人體測試箱：(a)節拍器，(b)細菌與微粒子樣本

表 20.3　不同設計對細菌散播速度的影響(每分鐘之計數)

原本的衣服	長工作服及原本的衣服	開領上衣及良質纖維褲子	全罩式無塵衣
610	180	113.9	7.5

■20.6.2.2　不同織品纖維製成的無塵衣比較

　　筆者也進行由一位男性自願者穿著標準的內部衣服和無塵衣的比較實驗。志願者穿著：(a)僅穿著一條內褲；(b)穿著一般的內褲、襯衫、長褲、襪子和鞋子；(c)穿著各種不同類型的連頭式無塵套裝，完整長度的長靴並戴有乳膠手套。而上述不同類型的無塵衣套裝皆由下面三種紡織品製成。他們分別是：

1. 如圖 20.4 所示，較粗劣且開放式的織品，孔隙直徑大約 100 μm。

2. 如圖 20.8 所示，較緊密編織的織品，孔隙直徑大約 50 μm。

3. GoreTex 織品是由一層薄膜夾在聚酯纖維織品之間而製成，對於量測微粒之大小具有不能貫穿的特性。

而一般 GoreTex 套裝也須經過特殊的伸縮性密閉處理測試，以減少無塵衣內部空氣的外洩。

　　如表 20.4 所示的是當男性自願者穿著不同套衣服時，平均每分鐘所散播的細菌數量。當只有穿著內褲時將發生最多的污染散播，但若增加另一層過濾時，亦即穿著無塵衣和褲子時，則將減少一些污染散播率。然而，如果對於無行動能力的微粒子數量而言並不盡然，除非此無塵衣有較少的絨毛纖維及良好的過濾性質。由表中也可以看出，較粗劣的織品因其有較大的孔隙可減少細菌的散播，但緊密編織的織物隔離的效果將更好。

表 20.4 與無塵衣織品相關之細菌散播(數量/min)

內褲	內褲 + 襯衫 + 褲子	開放式織品	緊密式織品	Gore-tex	Gore-tex(特別密閉)
1108	487	103	11	27	0.6

　　當空氣可穿透率降低時，從袖口、領口等服裝接縫處所能露出的空氣量便會增加。而在 Gore-Tex 服裝中，內部所產生與外界的壓力差，遠大於一般紡織製品服裝。

　　這反映的一個事實就是，會出現比我們預期要高的擴散速率。

　　然而，測試 Gore-tex 無塵衣時，用鬆緊束密封方式來最小化空氣外洩，結果可達到更大幅減少的細菌傳播量。此方式之污染傳播速率將比開放式的織品少 170 倍。

　　上述的測試也進行微塵粒子之測量。表 20.5 所示的是每分鐘微粒子散播的量。

表 20.5 與無塵衣織品相關之微塵粒子散播速率(每分鐘)

	原本的衣服	開放式織品	緊密式織品	Gore-tex	Gore-Tex (特別密閉)
粒子 ≥ 0.5μm	4.5×10^6	8.5×10^5	5.0×10^5	8.2×10^5	3.5×10^4
粒子 ≥ 5.0μm	1.2×10^4	3550	3810	2260	74

須特別注意一個有趣的現象，無塵衣在預防微粒子(≥0.5 μm)的散播上一般而言是無效的。如果除了特別密閉的 Gore-Tex 衣服不考慮，吾人從表中可看見無塵衣僅能減少粒徑大於等於 0.5 μm 的粒子污染散播量非常有限(從 10^6/min 到 10^5/min)。然而，無塵衣在移除較大的微粒子(≥5.0 μm)方面則相當有效。

20.7　無塵衣之靜電特性

衣服的抗靜電特性在某些無塵室工業中非常重要，例如在微電子產業中靜電電荷可能會毀壞微電子電路。而當人員在無塵室中移動，不論是無塵衣與座位或工作臺的摩擦，或者是內部衣服與皮膚的摩擦，皆會產生無塵衣織品內之靜電電荷累積。此靜電荷隨後將可能會因放電至一個微電子電路而使之毀壞。因此，無塵衣的製造須在織品內使用連續的導電材料纖維。以下的測試可用來選擇無塵衣，以使靜電釋放減至最小的程度：

* 電阻係數或導電性的量測。
* 電壓衰減的量測。
* 當人員穿著無塵衣時，移動所產生的電壓量測。

有幾個方法可用來決定無塵衣的表面阻抗。若其阻抗愈低則是愈好的無塵衣織品，因為此無塵衣將更為容易導引靜電荷。

無塵衣的抗靜電特性也可由給定的靜電荷充電到無塵衣靜電衰減的時間來加以測量。相較於量測電阻或是電導，這是一個較佳的測試方式，因為它比較接近實際的狀況。先在無塵衣上產生一個已知的電壓，並決定當電壓減少至 1/2(或 1/10)時所須之時間。此時間花費可能從少於 0.1 秒到超過 10 分鐘，時間越短代表無塵衣特性越好。

表 20.6 所示的是英國紡織科技團體(British Textile Technology Group)所發表的結果數據，其比較了人員穿著兩種不同無塵衣所產生的靜電荷。此兩種布料是相同的，除了一個具有抗靜電長條(表面電阻率 10^6 ohms/square)，而另一種不具有抗靜電特性(表面電阻率 10^{13} ohms/square)。

當人員穿著由此織品製成之無塵衣從椅子上站起來時，他們身上的電壓將在接觸到電壓計時加以測量。當人員和椅子與地面絕緣時，從標準無塵衣所得到最大電壓為 3210 V，而若有使用傳導長條之無塵衣則是 2500 V。此並沒有非常大的改善。然而，如果椅子接地且穿著有傳電鞋襪時，將可得到更好的結果(如表 20.6 所示)。這些結果皆強調了椅子、人員和衣服接地的重要性。它們同時也顯示出使用無塵衣導電長條之限制。

表 20.6　使用與未使用抗靜電長條之身體電壓

	抗靜電長條	未使用長條
電阻係數(ohms/square)	10^6	10^{13}
最大身體電壓-絕緣皮椅	2500V	3210V
最大身體電壓-椅子接地且穿著導電鞋類	160V	760V

目前並沒有研究關於不同無塵衣種類織品導電連接的影響。若服裝的不同部份被電性連接，則相較於以傳統縫合的服裝，靜電荷的傳導效果會有明顯的改善。

要注意的是，即使衣服上的靜電可以透過導通方式排除，仍然要小心不可以一下子直接接地，以免造成太大的電流而使人遭受到電擊。表面電阻係數小於 10^5 ohms/square，或者體電阻係數小於 10^4 ohm-cm 的電導材料具有快速接地的風險性。絕緣性材料其表面電阻係數至少大於 10^5 ohms/square，或者體電阻係數會大於 10^4 ohm-cm，這些材料將無法在服裝上的靜電荷消散掉。靜電荷消散材料，通常其表面電阻係數介於 10^5 至 10^{12} ohms/square，或者體電阻係數介於 10^4 至 10^{11} ohm-cm 之間；這樣的材料可以確保電荷會消散，而且又不會太快消散而使人被電擊。使用於無塵室內的材料，包括服裝材料，其電阻值應該要介於上述範圍之內。一般對服裝而言，可以接受的表面電阻範圍在 10^8 到 10^{10} ohms/square，以減低靜電。有關靜電的相關資訊以及解決方案可在 IEST-RP-CC022《無塵室與其他環境之電荷》中找到。有關如何得到這份文件的細節可在本書中的第四章找到。

誌謝

圖 20.5 經 St John's Institute of Dermatology 允許後再製使用。圖 20.6 及 20.7 由 Contamination Control Apparel 公司允許後再製使用。圖 20.9 經 C W Berndt 公司允許後再製使用。圖 20.10 經 Fishers Services 公司允許後再製使用。表 20.1 與 20.2 是經過環境科學與技術研究所允許後再製使用，其刊登於 JEST 建議指南 3 中。

21 無塵室之面罩和手套

Cleanroom Masks and Gloves

21.1　無塵室之面罩

當人打噴涕、咳嗽或談話時，將從他們的口中排出大量的唾液水滴。當向外打噴嚏時，他們可能也會從鼻子排出物質。這些液滴包含油脂、鹽份和微生物及細菌等，遂有必要避免此類污染源在無塵室裡造成污染。罩住口鼻的面罩通常可以達成這樣的目的。

此類液滴之散播以及控制傳播的方法，將在下面的章節加以討論。

21.1.1　由口中傳播

在表 21.1 中所顯示的是典型的微塵粒子和微生物經由打噴涕、咳嗽和大聲說話而傳播的情形。並沒有研究報告確切指出當呼吸時產生的微粒子數量，不過是非常低，難以準確估算確定。

表 21.1　經由人員排出之微塵粒子及微生物個數

	微塵粒子數	微生物（細菌）數
一個噴嚏	1000000	39000
一個咳嗽	5000	700
大聲講話(100 個字)	250	40

圖 21.1 所示為以高速攝影術所拍下之照片，為空氣中由打噴嚏所產生的液滴。圖 21.2 為當發出字母為「f」時所產生較少數量液滴之情形。

從嘴中所擴散出來的唾液顆粒，其直徑差異從 1 μm 到大約 2000 μm。其中 95%是介於 2 到 100 μm，其平均大小為 50 μm。雖然在計算唾液所含的細菌時，通常會超過每毫升 10^7(ml)個，但並非所有排出的微粒子中都含有細菌。

圖 21. 1　打噴涕所產生的液滴

圖 21.2　為當發出字母為「f」時所產生液滴

這些口中排出的水滴和微粒子會有何後續行為，取決於其大小，遂與其在空氣中乾燥和沉降的速度有關。如果微粒子較大時，由於受重力的影響較大，所以它們將很快的落下，而沒有時間乾燥。而若當微粒較小時，將不會很快速地落下，但是會因而乾燥，而且將進入無塵室的空氣循環中。

由於在唾液中帶有某些微量已溶物質，因此當所噴出的唾液水滴落下而蒸發時，其粒徑大約可以減少至原來的 1/4 到 1/7。而這些乾燥的微粒子即為熟知的水滴核心(droplet nuclei)，其將進入無塵室室內的空氣循環中。

水的微粒子受重力作用而沉降的時間是可以計算的。一個 100 μm 的粒子能在 3 秒內掉落 1 公尺，而 50 μm 的粒子需 12 秒，10 μm 的粒子則需 5 分鐘。同樣，亦可以去計算出液滴乾燥所須的時間。當室溫大約 20°C 時，直徑 100 μm 的粒子需要花 10 秒鐘才能蒸發，但是一個 10 μm 的粒子僅需要 0.1 秒。因此我們可以由上述推斷，從嘴巴出來的粒子必須要小於 100 μm，否則當微粒子中的水分在微粒子掉到下方一公尺的產品上之前會尚未蒸發。因此，若未穿戴面罩時，一些較大的唾液液滴會掉落在製程產品上。

許多從口中噴出的微粒子，其具有足夠大的粒徑、及慣性，因此可噴在面罩內部的表面上，它們也因此將很容易被面罩的纖維物所阻擋和攔住。而使用的面罩對於從口中所排出的微粒子通常應具有 95% 以上的過濾效率。此外，造成某些面罩過濾效率降低的原因，通常是因為微粒子穿越到面罩之旁邊或周圍，而且大部份是由於較小粒徑之微粒子所造成的(據研究報告指出，應是乾燥時粒徑小於 3 μm 的微粒子)。

21.1.2 面罩

面罩在設計上有許多不同的變化，但一般而言它們均由某些材質製成並置於口鼻的前方，因此當我們談話、咳嗽、打噴涕或流鼻涕時，其能將噴出的水滴緊緊壓住、或是經由過濾而去除掉。

外科手術型口罩較為普通且常見，其具有帶子和環線可綁於耳邊，典型的例子如圖 21.3 所示。此型式是由不織布所製成的拋棄式(disposable)手術型口罩，當離開無塵室時就可丟棄。

我們應該要考慮面罩纖維兩端的壓力差。雖然製造業者可生產非常高過濾效率之口罩來去除微小的粒子。然而，此種高過濾效率可能是不必要的，因為：(a)噴出的液滴其實相當大的；(b)通過口罩時的較大壓降會導致產生之粒子被擠壓至口罩外圍週邊。若面罩擁有一個較大區域材質面積，便可以減低此較高之壓力差。

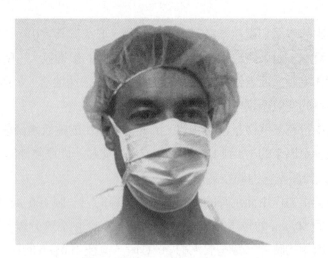

圖 21.3 拋棄式外科手術型面罩

　　另一面罩樣式為面紗(veil/yashmak)型，如圖 21.4 所示之例子。面紗可以黏在兜帽內，也可以在製造時永久地與兜帽縫合在一起。在選擇面罩的材質和款式時要好好考慮，不僅考慮是否可控制從口中排出之污染，更要注意是否可被工作人員所接受。

圖 21.4 面紗型面罩正常之穿戴情形

　　眼罩和護目鏡可提供額外的阻隔功能，其可避免皮膚碎屑、眉毛和睫毛等不小心掉落到關鍵的製程產品上。

21.1.3　動力排氣式頭盔

　　動力排氣式頭盔也是另一種選擇，它不僅提供了一個阻擋嘴部汙染物的屏障，同時也預防頭部的汙染物擴散到無塵室中。從服裝的脖子封閉處所排出的汙染物也會受到控制。頭盔及面罩範圍內的空氣將由一套過濾排氣系統從頭盔汲取污染加以過濾，以避免污染物逸散到無塵室中。圖 21.5 所示即為此種頭盔之範例。

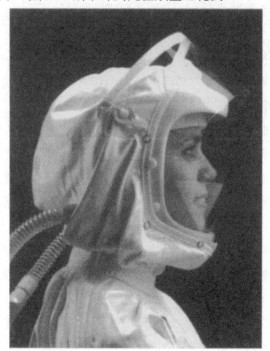

圖 21.5　動力排氣式頭盔

21.2 無塵室的手套

21.2.1　手部汙染控制

　　在人們手部的皮膚上具有數以百萬計的微粒子和細菌，同時也有表面油脂和鹽類等。要避免手部汙染被轉移到對污染很敏感的產品，無塵室人員應該要戴上能提供屏蔽的手部包覆。

　　在無塵室中有數種手部包覆方式。針織或無紡布手套通常使用在較不嚴格的無塵室中，也就是在 ISO 等級 7 以及較不乾淨的區域中，供作其他形式手套的內層手套來避免

刺激。編織類的手套應較緊密一些，而且盡量避免使用寬鬆的線來縫製。我們將不再進一步地討論此種型式的手套。指套大多數是由乳膠或是合成橡膠材料所製成，通常會包住手指尖端並且延著手指捲到一半左右。通常指套僅會用在當手指需要碰觸某些不應該被汙染的表面，以及用於較不需要清潔的無塵室。在本章中將不會繼續討論。另一種為隔離性手套(barrier gloves)，此種手套有著連續且極薄的薄膜覆蓋整個手掌，因此大多使用在無塵室中。這種手套形式會在本章的後半部詳加討論。

21.2.2 對手套的反應

無塵室人員可能不喜歡無塵室專用手套，原因是因為有的人可能會有過敏反應或是產生接觸性皮膚炎。乳膠手套更是一個嚴重的問題。

乳膠手套是由橡膠樹上所採集而得的天然橡膠乳膠所製成。乳膠包含了某些蛋白質，某些人接觸到這些乳膠蛋白質時會產生過敏反應，也就是說他們的身體認出了乳膠蛋白質，同時當下次再接觸到這些蛋白質時身體會有所反應。一般人當中約有 5%被認為會對乳膠有致敏反應，但是若是經常接觸乳膠的人，這個比例會大幅提升。然而，並非所有對乳膠致敏的人最後都會產生過敏症狀。

在此有兩種乳膠過敏症狀，稱之為第一型與第四型。第一型過敏是較為嚴重的。其會發展成該名患者對於乳膠蛋白質會更為敏感，同時反應會更加激烈。過敏的典型症狀包括皮膚會起紅色疹子並且發癢，產生類似感冒症狀以及氣喘，但是最糟糕時可能發生過敏性休克而導致死亡，不過其發生的比率很低。另一種乳膠手套的過敏反應稱之為第四型，其主要是來自於為了要加速製造過程中乳膠手套的成型。當製造過程使用了促進劑時，這一型的過敏也能發生於合成橡膠手套，例如腈聚合物和氯丁橡膠等。然而，橡膠手套並不一定需要使用加速劑。第四型過敏的症狀包含了皮膚紅腫癢並且起疹子，其通常會在手腕以及前臂處發現，而且有時候會蔓延到全身。最後一型的皮膚反應稱之為「刺激性接觸性皮膚炎」。這並非真的過敏，其有可能發生於如乙烯等其他材質的手套。

無塵室的使用者應了解對乳膠手套的可能過敏反應。以下某些重點需要特別注意：

- 在生產程序中是否因為乳膠手套的較佳接觸特性與伸展強度，而一定要使用乳膠手套？是否有其他可能的替代品？
- 乳膠手套應該使用低蛋白質以及低粉塵(粉塵會將乳膠蛋白質傳遞到空中)。
- 無塵室人員應該注意到蛋白質過敏，以及對於有過敏問題的人，應有非乳膠手套可供另外使用。

　　避免乳膠過敏可能不是防止手部刺激的完整解決方案。當使用合成橡膠手套，如腈聚合物時，仍然可能發生第四型過敏，此外接觸性皮膚炎也可能因爲使用橡膠手套或是乙烯手套而發生。

　　多使用一內層手套可避免此狀況。

21.2.3　手套的製造過程

　　許多種類的手套都是透過插入一個像手一樣的「模型」，到乳膠或是手套材料的溶液中。製造非無塵室用的手套時所使用的手套模型可能包含約 15 種添加劑，其可能引起無塵室內的污染。因此，使用在無塵室的手套應不同於這些家用手套，尤其在減少使用這些化學藥劑方面，或者是根本不考慮使用。

　　此模型通常由陶瓷、玻璃或不鏽鋼所製成。模型會被泡入再由乳膠或溶液中移開，然後薄層材料即被壓製而形成一個手套。然後再從模型中將手套剝落下來。爲使手套毫無損害地從模型中取下，通常吾人會在模型的表面塗上一層脫模劑(release agent)。當我們移除手套時，手套的內部被翻出來，且此時脫模劑仍然留在手套上，除非我們將它洗掉。脫模劑對無塵室來說是個問題，因此無塵室用的手套和一般家用手套的差異，便是需要將脫模劑保持在最小程度，或者是利用其他變通方式來降低不要的汙染。這樣的變通方式包括了洗滌手套以便將脫模劑洗掉，或是在成模材料中加入其他添加劑。例如製造一般家用的合成乳膠(latex)手套時，使用滑石粉(magnesium silicate)。若滑石粉用碳酸鈣取代，這個粉塵可以透過以弱酸清洗表面而被移除。當這些手套從模型上剝下來時，它們需要再翻轉一次，此時脫模劑便是在手上而不是在無塵室端。

　　當手套從模型中剝離時，乳膠手套可能是有些黏的。爲了修正這個缺點，通常會使用粉塵來避免，不過有另外一個解決方式是使用氯氣浴。通常無塵室用的手套會使用這個方式。自由餘氯會結合乳膠的化學鍵，並且在手套表面產生表面硬化效應。表面硬化效果可以防止手套彼此黏住，同時洗滌也可以協助清潔手套。

21.2.4　選擇手套

　　當我們選擇手套時，有關控制污染有一連串的問題須要被考慮。如以下所示：

1. 手套可能不足以避免表面汙染，因爲它們並非在無塵室當中所生產出來的，此外即使它們是在無塵室中所生產的，這些生產過程也都可能會有汙染留下來。因此在使用之前都必須要清潔。手套在選擇時要注意表面的污染物，而且依使用場合而定，應盡可能沒有任何微塵粒子、油脂、化學物質和微生物等。

2. 而手套在使用期間可能會造成磨損穿孔，如此可能會造成污染物穿過。例如，已證明當手套被刺穿約 1 mm 的洞時，從而穿過手套的細菌數量在未清洗的手時是 7000，在洗乾淨的手時是 2000。

   因此手套對於其使用目的，應該要有足夠的強韌度。

3. 某些無塵室的手套，需要用來預防危險的化學物質(通常是酸性物質或溶劑等)傷害操作人員的手。舉例來說，此問題常發生在半導體製程中使用酸性物質的浸蝕過程。當我們選擇手套材料時，應該要小心選擇能夠抗滲的材料，並且牢記在心要選擇對的材質。工作人員需要配戴較長、較厚以及較堅韌的手套，以獲得較好的保護。

4. 在某些無塵室環境中需要考慮手套的其他材質特性，包括靜電放電特性，表面化學污染，熱阻抗以及氣體外洩等。

   確認手套的材料及厚度，是否符合使用目的是很重要的。所以必須向製造商確認手套是否能保護穿戴者以及產品。

■21.2.4.1 聚氯乙烯手套(PVC gloves)

此類聚氯乙烯的塑膠手套，在電子廠無塵室應用上已相當普遍。對強酸、強鹼、鹽類、酒精、胺類、過氧化物及水溶液等都有很好的防護作用，但對有機溶劑沒有什麼防護。這類型的手套通常沒辦法完全消毒到令人滿意，因此無法在生物相關無塵室當中使用。它們通常有普通長度和長套形的兩種型式，而且最好應有足夠的長度以覆蓋無塵衣的袖子。此外，應該要注意到手套製造時使用聚氯乙烯塑化劑之量約達 50%。來自相同化學產品群的塑化劑，鄰苯二甲酸鹽，通常使用在測試空氣濾網的完整性。為了使手套更加柔韌，通常我們會需要這個材料，同時它也讓手套具有抗靜電特性。然而，它也可能引起某些污染的問題，包括氣體釋放(outgassing)或是經由接觸而轉移到產品表面上。

■21.2.4.2 天然與合成橡膠手套

這類型手套通常是給外科醫生所使用，它們一般是由橡膠樹中天然生成乳膠所製成。然而它們現在也可以由化學合成的合成橡膠所製成，也就是氯丁橡膠和丁腈。合成橡膠手套類似於乳膠手套，並且擁有較不會有過敏反應的優勢，此外一般而言其對於溶劑有較佳的抵抗力。然其價格較乳膠型式稍為昂貴些。

外科用手套及家用手套可以是帶有粉塵或無粉塵，但無塵室中僅能使用無粉塵。這些手套可以藉由使用過濾水以及去離子水來清潔洗滌，並且在 ISO 等級 4 或是等級 3 的無塵室中使用。

橡膠手套具有良好的抗化學能力，可以防止大部份的弱酸、弱鹼和酒精的侵蝕，此外，對於乙醛和烯酮類也有相當好的抗蝕能力。它們比 PVC 型式的還貴一些，但是它比任何聚合物(polymer)類的手套還便宜。而此類手套也可做到無菌的。由於它們的彈性，因此它們可以安全的在衣服袖口進行伸展。

■21.2.4.3　其他型式的手套

聚乙烯手套被用於無塵室中，優點是無油含量、無添加劑，而且還有不易破洞等特性。然而，它卻無法抵抗脂肪性的溶劑。且這種型式手套主要的缺點是它們是由薄片組成且其接縫是由焊接而成的。因此當人員使用時會有較差的靈活性。

耐熱或可隔絕熱表面的特殊手套一般沒有針對無塵室用途而製造，因此用於無塵室時，應該徹底清潔乾淨，而且應儘量降低其與對污染物敏感材料接觸的機會。

其他手套是由不同種類的聚合物所製成，並且擁有許多各式各樣有用的特性。然而無可避免的是，它們同時也會擁有某些我們所不喜歡的性質，其中可能是個代價。在接受使用它們之前，必須謹慎地評估這些手套的清淨度及其他特性。

21.2.5　手套的測試

關於手套的性質和手套測試的方法等資訊，在環境科學會(IES)的 RPCC005 法規中有詳細的介紹。測試表面潔淨度包含了量測釋放出來的微粒子與萃取物。其他測試包含了化學相容性，拉伸性能，切割之後的保護性，耐磨性，屏障完整性，耐熱性，使用年限，抗靜電特性，防氣體外洩特性，以及微生物特性等。皆在 IEST-RP-CC005.3 法規中詳述。

確保手套在使用後並未有破洞是必要的。有一簡單且有效的方法可用來檢查出手套的撕裂處和破洞。吾人可以將手套充滿水來檢查出破洞。也可用口將手套吹氣，封密手套的袖口並壓緊，則任何的洩漏皆可以由此方式輕易地加以檢查出來。

誌謝

圖 21.1 及圖 21.2 經美國 Advancement of Science 協會允許後再製使用。另外要感謝 Protein Fractionation Clinic 的 Douglas Fraser 先生作爲圖 21.3 的拍攝人物，也要感謝 Analog Device 公司的 Michael Perry 先生作爲圖 21.4 及圖 20.5 的拍攝人物。而圖 21.5 經 Pentagon Technologies 公司允許後再製使用。

22

Cleaning a Cleanroom

無塵室的清潔

22.1　為什麼必須清潔無塵室

　　許多產業使用無塵室來避免其產品被污染。設計並建造一間無塵室不僅需要數以百萬英鎊或數百萬美元之造價，也須要經過可能數年的努力才得以完成。但是，對於如何保持無塵室的清潔卻鮮少有人去思索和努力。

　　或許有人會問：「為什麼必須清潔無塵室？無塵室不是已經提供大量無塵和無菌的空氣了嗎？而且工作人員不是也已穿上無塵衣以防止污染物擴散了嗎？」事實上，就如已在第 20 章中所討論的，無塵衣並不能阻止污染物的擴散，而且即使當人員穿著無塵衣時，仍然會有超過 100,000 顆 0.5 μm 的微粒子和超過 10,000 顆 5.0 μm 的微粒子散播出來。某些機器每分鐘也會同時擴散超過數以百萬計的微粒子。許多較大的微粒子會因為重力的關係，較容易沉積在水平表面上。其它較小的微粒子則會被氣流帶走或藉由布朗運動(Brownian motion)沉積在無塵室內各種表面上。塵土也會經由鞋底轉移以及附在製造原料上而被帶入無塵室。

　　當無塵室表面變髒時就必須要清潔。如果不進行清潔的話，產品也會經由接觸髒的表面而被汙染。這也有可能經由工作人員接觸到髒污表面，之後再接觸產品的二次污染。無塵室可能看起來是乾淨的，然而在無塵室潔淨等級的要求條件下可能已是非常髒的了。在正常的光線下，人眼無法看到小於 50 μm 的微粒子。只有在當微小粒子濃度夠高並且聚集成堆時，它們才會被人們所發現。然而，當此現象發生於無塵室時，其已超過可接受的潔淨水準。

在這些由人們所擴散所有微粒子當中，每分鐘會有數以百計，甚至數以千計的的粒子上帶有微生物。這些是微生物附著在皮膚表面或在皮膚細胞空隙中，它們的平均相同直徑約大約是 12 μm。而這些微生物很容易藉由重力而沉積在無塵室的表面。也因此，諸如醫療產業中所使用的無塵室中，通常需要藉由殺菌的作業將空間中的微生物殺死。

22.2 清潔方法和表面清潔

微粒子附著於無塵室表面的力量主要是藉由倫敦-凡得瓦爾力(London-van der Waal's force)，這是一種分子間的引力。靜電力也可以將微粒子吸引到表面，儘管靜電力的重要性取決於無塵室內所使用的材料種類，亦即其是否會產生靜電性。而第三種力為使用濕清洗(wet cleaning)後所產生的。留在表面上的微粒子，當清洗的液體乾燥時，可能會經由殘留的物體而附著於於其上。

如果是使用水溶液來清潔，那麼水溶性的微粒子會溶解於水溶液中。如果我們使用像是酒精這樣的溶劑，則某些有機物質可能會被溶出。那麼可溶性的微粒子便會溶於溶液當中。然而，在無塵室中大多數的微粒子不會被溶解，而且通常也必須加以克服微粒子附著在表面的黏著力。如果把微粒子沉浸於液體中，如使用濕式真空收集(wet pick-up vacuuming)或用濕式的擦拭(damp wiping)或洗抹(mopping)等皆可能使微粒子溶解，並在乾燥之後留在物體表面。如果使用一種水溶性去污清潔劑(detergent)，便可以減少甚至於除去凡得瓦爾力。那麼便可以經由抹去與擦拭來移除這些粒子。

從表面上要移除微小粒子是相當困難的，因此無塵室產業使用了特殊的技巧來清潔，例如超音波浴以及二氧化碳冰噴法，清除來自生產元件上的微小粒子。然而這些技巧並不適用於本章中所討論到的無塵室清潔，同時對於上述的清潔方式也無法清除小於 5 μm 的微粒子。

通常使用於清潔無塵室的方法為：

* 真空吸塵(濕式或乾式)。
* 濕式擦拭(抹拭或濕擦)。
* 黏性滾筒(tacky roller)黏著。

上述各種清潔方法的效率取決於被擦拭的表面。如果表面的加工處理粗糙或有凹痕時，那麼將很難把微粒子從表面的凹痕內移除。因此，在無塵室內的表面必須要是光滑無痕的。

22.2.1　真空吸塵

　　使用真空吸塵(vacuuming)來清潔無塵室有兩種方式：乾式或濕式。乾式吸塵是透過往真空吸嘴方向移動的高速氣流，而這個氣流的力量必須要能夠克服微粒子和表面之間的吸附力，以便將兩者分開。然而，一個真空吸塵器通常不能產生足夠移動微小粒子的空氣速度。

　　圖 22.1 為筆者研究獲得的實驗結果圖形，即在一玻璃表面上針對不同大小的沙粒，以乾式真空吸塵方式的移除效率。

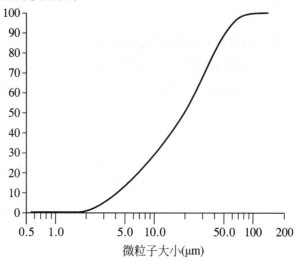

圖 22.1　乾式真空吸塵的效率

　　把工業用真空吸塵器的噴嘴沿著被微粒子覆蓋的表面移動時。此真空吸塵器可以移除大多數超過 10 μm 的微粒子，但是針對較細小的微粒子則較不易清除，而當粒徑為 10 μm 時，則其移除效率約僅為 25%。從這個實驗可以顯示，在表面上的大多數微粒子無法經由乾式真空吸塵的方式移除，此實驗結果與家用吸塵器移除灰塵的經驗頗為類似。有多少人會滿足於吸塵一個乙烯地板，卻無法進一步清潔？就算是在一個淺色的廚房地板上，經過一段很短的時間後，地板的清潔條件可能沒辦法接受了。

　　由於水和溶劑比空氣具有較高的黏滯性(viscosity)，所以液體在表面對微粒子的拉力(drag force)也較大。因此，如果使用濕式真空吸塵器系統來除塵，此額外的拉力將實質地改善污染收集的效率。

22.2.2 濕式擦拭

使用擦拭布或拖把的濕式擦拭(wet wiping)能夠有效地清潔無塵室表面。而使用某些液體則可協助破壞一些微粒子與表面的結合，而使微粒子漂離表面。此種效用在使用某些表面活性劑(surfactant)時會特別明顯。然而，仍有許多微粒子可能黏附於表面上，因此，使用拖把或擦拭布的纖維來推開和分離微粒子是極為必要的。這些微粒子會留在擦拭布或是拖把上。濕擦拭布將比乾擦拭布更為有效，因為水溶液或溶液中的拉力較大，可更有效地拖曳掉表面上的微粒。你可以在家中利用乾抹布與濕拖把來做實驗以確認這個說法。

使用某些無塵室專用的擦拭布和拖把將更為有效。當它們在推送與拖拉微粒子時，和微粒子接觸面積越大，清潔效果越有效；舉例來說，一個掃把以細緻纖維材料製成，並且有很好之結構密度，其效果會比一個用較大纖維以及過舒或過密的結構要好。

22.2.3 黏性滾筒

黏性滾筒藉由在表面上滾動一個黏性表面來清潔。黏性滾筒(tacky roller)的粒子移除效率取決於滾筒表面黏膠的強度。當這種作用力越大，則移走的微粒子就愈多。而其它的影響因素，例如滾筒表面的柔軟度將使微粒子與表面有更好的接觸，也將影響微粒子移除的效率。

22.3 清潔無塵室所使用的工具

用於無塵室的工具有點類似家庭中所使用的清潔用具。然而，事實上它們具有很大的差異性。例如乾式刷子是絕對不可用於無塵室的清潔。而且吾人研究發現乾式刷子將會產生每分鐘超過 5 千萬顆($\geq 0.5\ \mu m$)的微粒子。而繩線拖把(string mops)也會產生每分鐘大約 2 千萬顆($\geq 0.5\ \mu m$)的微粒子。

用於清潔無塵室的工具不可以使用會破裂或是破損的材料。通常用來作為把手以及其他堅固部位的材料，包括了各種不同的塑膠、不鏽鋼以及陽極氧化或加硬包覆鋁。用來清潔表面的材料通常是聚酯樹脂纖維，聚醋酸乙烯酯，以及開放細胞聚氨酯。如果需要滅菌，那麼材料就需要能夠承受滅菌方法。

22.3.1　乾式與濕式真空吸塵系統

　　乾式真空吸塵(dry vacuuming)因其價格便宜而成為一種廣泛採用的清潔方法，而且因為其不需要使用任何清潔用液體，因此不會將污染物傳遞進入無塵室中。然而，真空吸塵器中未經過濾的排氣不可進入無塵室中。這可以透過使用一個無塵室外之中央真空吸塵系統連接到無塵室中的管線，或是使用搭配符合排風口之 HEPA 或 ULPA 濾網的可攜式吸塵器。而且此過濾網必須放置於馬達之後，以確保沒有微粒子從馬達散播至無塵室的空間中。

　　濕式收集真空吸塵系統(wet vacuum or pick-up system)將較乾式真空吸塵系統具有更高的效率，因為濕式真空吸塵所使用的液體對微粒子而言具有額外的拉力(drag force)。這也比拖把方式更為有效，因為這種方式會留下較少液體，避免在地板上乾燥時產生汙染。較少的液體也表示地板會乾的比較快。

　　圖 22.2 顯示一個使用濕式收集方法的無塵室真空吸塵系統正在清理無塵室地板的情形。濕式收集系統通常適用於非單一方向性之無塵室地板，但是使用液體來清潔對於垂直單一方向性氣流系統之某些有孔洞的地板是不適用的。

圖 22.2　乾式和濕式真空吸塵系統

22.3.2 拖把清理系統

無塵室通常會使用拖把和水桶來清理。然而，由於一般家庭用繩線式拖把會造成大量污染並不適用於無塵室。而一般家庭用可擠壓式海綿或其它合成纖維製的拖把在剛開始使用時僅會產生少許污染，但經一段時間使用後則會產生斷裂散去的問題。

在圖 22.3 和圖 22.4 中顯示兩種常用於無塵室之拖把類型。此類拖把的清理表面是由不容易斷裂散落的材料製成。材料可為聚醋酸乙烯酯(poly vinyl acetate, PVA)或聚氨酯開孔泡沫(polyurethane open-pore foam)，或由類似聚酯類(polyester, PE)的纖維所製造。而且，此類材料與殺菌劑、消毒劑和有機溶劑等之相容也應該加以注意，因為可能有些材料並不適合使用。水桶的材質則應該是塑膠或是不銹鋼，不鏽鋼材質的水桶適合滅菌。

無塵室可以藉由使用裝有清潔劑和消毒劑的水桶及拖把來作清潔和消毒的工作。然而，這樣的清潔方式對某些無塵室潔淨要求等級而言可能是不足的，因為清潔時黏附在拖把上的灰塵，可能在清洗時會留在水桶中，並再次經由拖把而附著在地板上。由家中清潔的經驗告訴我們，加清潔劑之水桶中的水變髒並不需要很長的時間，而且在此情形之下地板也未獲得良好的清潔。當使用消毒劑時[尤其是氯基(chlorine-based)類的]，塵土的污染粒子可能與其中和而抵消消毒劑的效用。一直換水(溶劑)某方面可以解決這個問題，但是較佳的方式是利用如圖 22.5 中所示的雙水桶或三水桶系統。

另一個方式則是更換新拖把頭或是已經用清潔劑與消毒劑清潔過的拖把頭。這可用來清潔無塵室中某個特定的區域。弄髒的拖把頭隨後可以被更換成乾淨的，而髒的拖把頭將會送到無塵室洗衣處做後續處理。

圖 22.6 為吾人建議 2 個或 3 個水桶清潔系統的清潔方式示意圖。由圖中可以看出，清潔或消毒程序由拖把浸泡在溶液中開始。我們可以擠一下拖把將多餘液體排出。步驟 1 為先將清潔液體散佈在地板上，再以拖把擦拭地板或消毒地板。步驟 2 為將拖把上的髒水擰乾，然後，步驟 3 再將拖把置入乾淨水中浸泡清洗。而步驟 4 則為再一次把多餘的液體擰乾，步驟 5 則為再將其浸入清潔或殺菌液體中，然後就以重複相同的步驟循環來清潔無塵室。

如果使用 2 水桶系統，則一水桶裝清潔溶液，另一桶則裝乾淨的水。雖然，吾人可使用第二桶來收集髒的液體，然而，2 水桶系統之效率將較 3 水桶系統為差。

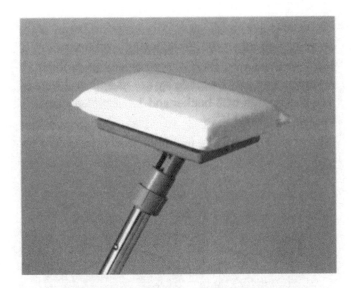

圖 22.3　適合清理如牆面的海綿式拖把

圖 22.4　適合清理地板的無塵室拖把

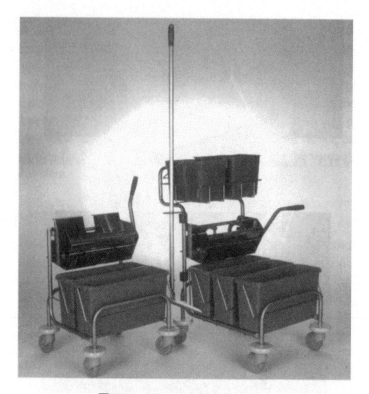

圖 22.5 2 個及 3 個水桶清潔系統

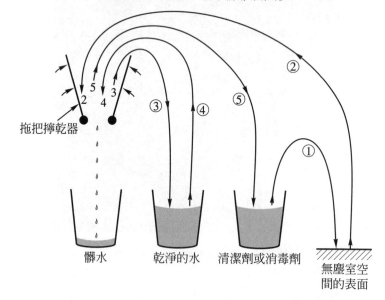

圖 22.6 如何使用 3 水桶的拖把清潔系統示意圖

22.3.3　擦拭布

　　擦拭布(wipers)先以清潔劑或消毒劑沾濕(不要全濕)，然後再用以擦拭無塵室表面並移除污染粒子。它們也用來擦拭在無塵室中受到微粒子污染的產品，而且可用來擦乾不慎溢出的液體。而一般家用的擦拭布則不能使用於無塵室中，因為經由他們清理過後時，表面會留下大量的微粒子濃度、纖維和化學污染等。

　　擦拭布的選擇將隨無塵室中的污染情形而有所不同。沒有完美的擦拭布，因此只能折衷選擇適合的擦拭布。吾人必須知道此擦拭布要用在什麼地方，擦拭布性質對擦拭表面的重要性，以及價錢的考量等等，在衡量上述問題後即可選擇一種較適合的擦拭布。在選擇擦拭布的性質方面有下列重要因素應加以考量。

■22.3.3.1　吸收性

　　吸收性對擦拭布來說是很重要的性質，特別是當它們是用來拖地吸收溢出的液體以及類似的工作時。吸收性是擦拭布的吸水能力(擦拭布的重量對其所能吸收液體之重量比)以及其速率(能多快吸收液體)。吸收力對於污染控制也是重要的一部份，當擦拭布擁有較好的吸收性時，表示其在表面上會留下較少液體，也就是較少的汙染。

■22.3.3.2　擦拭布污染

　　在無塵室中，擦拭布可能是最髒的物品之一。或許它已較一般家庭用的擦拭布乾淨，但是單單一個擦拭布可能已包含比無塵室空間中所有空氣所含的微粒子數要多出好幾倍了。因此，選擇一具有較低微粒子附著率的擦拭布是極為必要的。此外，擦拭布的邊緣也應加以注意，因其毛邊脫落可能會造成纖維和微粒子的污染。

　　當擦拭布沾濕時，任何在擦拭布中的可溶性材料都將產生溶解。然後將再經由表面擦拭時而將污染傳遞至表面上。而那些能夠經由水或有機溶劑清洗而抽取出的材料叫做「可萃取物」(extractables)。可萃取物在半導體業與相關產業是特別不希望看到的。當低階的可萃取物變得重要時，應特別小心決定工作上的最佳擦拭紙。

■22.3.3.3　擦拭布的其它性質

　　擦拭布尚有其它的性質應加以考慮，例如：

- 纖維強度。
- 抗磨損強度。
- 靜電(或抗靜電)特性。

- 無菌。
- 化學相容性。

上述所有擦拭布的性質，皆可參考經由 IEST 所建議實施之標準 (Recommended Practice)RP CC004 來加以評估。

22.3.4　黏性滾筒

黏性滾筒(tacky roller)與家用的粉刷滾筒不管在大小和形狀上都非常類似，然而，此黏性滾筒的外部周圍有一層黏性材料。如圖 22.7 即為黏性滾筒的照片圖。

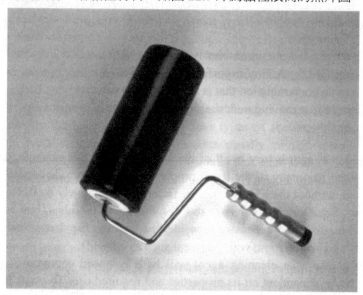

圖 22.7　黏性滾筒

黏性滾筒就如同油漆滾筒一般使用重覆來回刷，可以滾過整個無塵室表面。滾輪的黏性表面會移除所有可能因不慎接觸而分散的微粒子。

22.3.5　地板刷洗系統

使用旋轉刷子的地板刷洗系統(floor scrubbing machine)亦可用於清潔無塵室。此機器在刷子的外部圍繞著擋裙，而且它具有一排氣系統可以把清刷地板時所產生的微粒子移除。當馬達產生這些微粒子時，一個高效率的濾網可以將排器內之粒子排除掉。

22.3.6　刮刀

刮刀通常在無塵室內是用來清潔窗戶以及黏性無塵室地板。

22.4 清潔無塵室所使用的液體

22.4.1 清潔液

使用無塵室的理想清潔液應具有下列的性質：

- 對人類無毒性(non-toxic)。
- 無腐蝕性。
- 不易燃，或者低閃點
- 易乾(但並非不尋常的快)。
- 對無塵室表面沒有傷害。
- 不會留下對產品有害的污染物。
- 可有效地移除污染粒子。
- 合理的價格。

目前，還沒有產品可以完全滿足上述的條件。例如，超潔淨純水(ultra-clean water)雖具有很多上述的性質，但是它卻會促進腐蝕某些特定的表面，而且當沒有添加表面活性劑時，則其清潔的效果相當差。某些有機溶劑(organic solvent)已非常接近理想的要求，但是它們卻可能是易燃、有毒性且昂貴的(尤其是當整個無塵室空間使用乙醇作為清潔劑時，特別需要考慮毒性、火災危害和清潔費用等問題)。任何清潔劑的選擇必然是依其性質和所需要使用的場合作一些折衷考量的結果。

清潔用的水應該會包含一個最少量的汙染物。許多無塵室在生產時都使用無汙染的水。當無法使用無污染的水時，儘可能使用純淨的水，如過濾過的水或去離子水。

各種溶劑的毒性、可燃性和沸點等物理性質可直接得自溶劑供應商，如此便可協助吾人找到最適合的溶劑。吾人亦可從供應商處得到溶劑選擇對材料的影響。尤其重要的是，在清潔無塵室環境時也需注意其對塑膠的影響，因為有某些溶液極易腐蝕塑膠類物品。T 溶劑的「閃點」也須要考慮。閃點表示溶劑會自燃的溫度，其透過利用一個距離溶劑 1 公分處之點火源來決定。比方說，帶有 20%水的甲醇溶液，其閃點是 20°C。由於有機溶劑的毒性和可燃性，以使得其在選擇上很難加以決定。例如甲醇以及異丙醇這樣的酒精常常被使用，特別是會和水一起混合，以降低可燃性以及增加其滅菌特性。

無塵室中經常會使用含有表面活性劑的水來進行清潔。然而，家用的清潔劑經常添加某些化學成份，如香味、氯化鈉、碳酸鈉、偏矽酸鈉、焦磷酸三鉀、甲醛等，在無塵室的使用上則不可選用此類的表面活性劑。最好是使用不具化學活性的清潔劑。

大多數的表面活性劑擁有如圖 22.8 一般的化學結構。這個分子擁有抗水性(疏水性)端與吸水性(親水性)端，並且由分子疏水性端的分子電荷特性來做爲分類。在此基礎下，表面活性劑可以分成陰離子、陽離子、雙性以及非離子性等四種特性。如圖 22.8 以圖示說明這四種方法。

對於清潔無塵室所選擇的表面活性劑通常爲非離子類(non-ionic)，因爲它是上述四大類型表面活性劑中最不會有化學反應的，而且也不會含有金屬離子。而陰離子類(anionic)表面活性劑通常會含有金屬離子(通常爲鈉)，但是若經由使用有機鹽基來製造時將可避免金屬離子的問題。這些陰離子成分會具有化學活性，並且和洗滌水內的化學成分或是無塵室內的環境產生非可溶性化學物，也就是微粒子。

最後，我們必須對於微粒子污染的問題作一些額外的思考。當這些清潔溶液或有機溶液乾掉時，不可在表面產生微粒子污染。因此此類溶液不可含有較大尺寸的微粒子。此種要求在靠近製程處的重要關鍵區域(例如：無塵工作檯)時尤其重要，但是在較不重要一般區域時(例如：牆、門和地板)，則此類要求相對地較不重要。

(1) 陰離子類，例如：十二烷基磺酸鈉(Sodium dodecyl sulphate)

$CH_3CH_2(CH_2)_9CH_2OSO_3^{(-)}Na^{(+)}$

(2) 陽離子類，例如：苯甲基烷氧化氯化物(Benzylalkonium chloride)

$$\begin{array}{ccccc} & & CH3 & & \\ & & | & & \\ CH_2 & — & N^{(+)} & — & C_nH_{2n+1}CI^{(-)} \\ & & | & & \\ & & CH3 & & \end{array}$$

(3) 兩性類，例如：烷基二甲基恭菜鹼(Alkyldimethylbetaine)

$$\begin{array}{ccccc} & & CH3 & & \\ & & | & & \\ R & — & N^{(+)} & — & CH_2COO^{(-)} \\ & & | & & \\ & & CH3 & & \end{array}$$

(4) 非離子類，例如：十二醇乙氧酯((Dodecylalcohol ethoxylate)

$CH_3(CH_2)_{10}CH_2(OCH_2CH_3)_nOH$

圖 22.8 表面活性劑化合物類型

22.4.2 消毒劑

在生化無塵室(bioclean room)中常使用消毒劑(disinfectants)以殺死附著在表面上的微生物。對於清潔溶液也會有類似的問題。此外，消毒劑對於殺死微生物非常有效率，但是卻未必是在無塵室中最好的選擇。此外，很難生產出一種可極為有效殺死微生物細胞但卻又對人體細胞沒有影響的消毒劑。通常此兩種特性是密切關聯的，而且具有高效殺菌性能卻又無毒性的消毒劑通常是極為昂貴的。因此，產品製成的關鍵區域(產品可能被消毒劑污染之區域)周圍，最好選擇使用較昂貴且毒性低的消毒劑，但是在一般地區(如遠離產品區的地板)則使用較便宜的化學藥品即可。

表 22.1　消毒劑的特性

殺菌效果					其他特性				
消毒劑的種類	革蘭 氏菌	革蘭 氏菌	孢 子	真菌	腐蝕性	沾污性	毒性	活性 (在沙土 中)	價錢
	+ve	-ve							
酒精	+++	+++	--	++	否	否	否	是	+++
專利類(如氯乙啶)	+++	+++	--	+	否	否	否	是	+++
四氨鹽基化合物	+++	+	--	++	是/否	否	否	是	++
碘酊	+++	+++	+	++	是	是	否	是	++
氯化物類	+++	+++	++ +	+++	是	是	是	否	+
石碳酸	++	+	--	--	否	否	是	是	+

Quats=四氨鹽基化合物(Quaternary ammonium compounds)。負號表示此消毒劑可能對於表中的微生物沒有效果。
殺菌有效程度會以加號的數目來表示。

表 22.1 整理一般常用的消毒劑若干性質。吾人可從表中看出沒有何種消毒劑是完美的。一般而言，石碳酸、松樹油和會釋放氯氣的化合物皆不適合使用在無塵室的重要關鍵區域，因為他們具有毒性，而碘佛酮(iodophors)則具有腐蝕性和易污染的特性。然而，此僅是一般性的原則，因為在表格中所指出的性質僅代表某個範圍的活性，其實際的值可能較表中的高或低一些，因此，有某些具石碳酸和會釋放氯化合物的消毒劑也成功地使用在無塵室中。釋氯性化合物是一種較特殊的問題。它可殺死一般不易被其它消毒劑殺死的孢子(spores)。因此，儘管有毒性或是具有腐蝕性，它們仍然常常被應用在無塵室中，但是它們不應該經常使用，應該隔一陣子使用一次，例如一個月。四氨鹽基化合物，或是其他特別合成以最佳化毒性與消毒能力的消毒劑，較不會擁有問題。

酒精(alcohols)非常適合使用於無塵室，其不但具有好的殺菌能力而且揮發後不會殘留。尤其在不希望有化學成份攜帶(carry-over)的產品製程區，可以使用 60%或 70%的乙

醇(ethanol)水溶液或 70%-100%的類丙烷(iso-propanol)。將氯己啶(chlorhexidine)或類似的消毒劑添加至酒精中可增加其殺菌的效果。某些消毒劑(如酒精或混合酒精的專利殺菌劑)的使用都應該被禁止，其理由為價格昂貴且在關鍵區域可能會有火災的危險。而如四氨鹽基化合物(quaternary ammonium compounds)的水溶液或石碳酸(phenclic)類混合物則可用在消毒其它的無塵室。

消毒劑通常會輪流使用，某種消毒劑會使用一個月，而下個月會換成另一種，之後一直輪流使用，直到第一種為止。這種方式被認為可防止微生物對消毒劑產生抗藥性。當然目前沒有證據來支持此論述，且就我的意見而言，在無塵室內的狀況是幾乎不會讓這個事情發生的。一般說來，較有可能發生的狀況是對消毒劑具有抗藥性的微生物被帶入無塵室中，而若不更換消毒劑的話，無可避免的會讓消毒劑較沒有效力。然而，對某些特定消毒劑具有抗藥性的微生物仍然有機會進入無塵室，因此這個過程應當被監視。

22.5 無塵室應該如何清潔？

清潔無塵室的方法將會隨所需的潔淨等級要求、房間佈局和輔助無塵室等有所不同。因此，其清潔的方法應以須要能適合該無塵室為主。下面幾頁所提到的資訊可以提供協助。參考 IEST RP CC018 也有幫助：「無塵室清潔：操作與監控程序以及 ISO14644-5：「運作」。

22.5.1 一般要點

規劃無塵室清潔方法時應該注意的一般要點：

1. 在無塵室中看見灰塵時，那麼此空間就已不是一個乾淨的空間，當然也已不是無塵室了，而且此空間必須儘速地加以清潔。
2. 雖然無塵室的清潔是指清除那些看不見的微粒子或微生物。所以或許無塵室表面上看起來可能是潔淨的，但是仍然需要徹底且有系統地加以清潔。
3. 為使清潔過程所生之污染降至最低，需確保下列：
   - 空調應該要完全的正常運作並且提供乾淨的空氣。
   - 清潔人員的服裝必須像生產人員一樣穿著正確標準無塵室服裝。
   - 清潔並不是過度進行，因為過度進行會增加污染物的擴散。這符合了無塵室清潔的要求必須要更全面，同時要比在家中的清潔要更有效率。

4.　清潔劑應該加入蒸餾水或去離子水，並在塑膠或不銹鋼水桶中加以稀釋，或使用越潔淨的水越佳。

5.　雖然，清潔方法的效率在某些程度上有些重疊，但是一般來說，清潔效率的增加可藉由如下的方式來加強：

乾式真空吸塵 ⇒ 單一水桶式拖把系統 ⇒ 多水桶式拖把系統 ⇒ 濕式擦拭或濕式收集

6.　清潔劑或是消毒劑都應該要仔細挑選，依照其清潔效率以及對產品造成最小損害為原則。要減少清潔劑或消毒劑的污染，它們應該要以能完成工作的最低濃度為佳。

7.　經稀釋過的清潔劑仍有可能協助微生物滋長，所以應該是在須要使用時，才從濃縮溶液中稀釋得到新的清潔劑，而且避免稀釋後囤積。裝有稀釋溶液的容器也不能隨便亂丟，因為可能在容器中也有細菌滋長。使用過後的容器也應徹底地洗滌乾淨並晾乾。

8.　帶噴嘴的瓶子或噴霧罐，不應該用來裝清潔劑或是消毒劑來清潔表面。筆者所作測試顯示，每次噴霧都會釋放出超過百萬顆(粒徑≥0.5 μm)的微粒子。這對於生產產品可能會是一個危險因子，因為在噴霧中的化學物質是污染物，而且可能短暫升高空氣中的粒子數目而超過某種特定濃度。當無塵室在被監控的狀況下，這有可能造成一個警報狀況。因此建議使用手泵式或擠壓式的罐子。若一定要使用噴霧，液體應該要直接塗配到擦拭布上。

9.　由於無塵室通常是 24 小時工作生產的。因此清潔工作可能在產品持續生產的條件下進行。這樣的工作程序雖是較不令人滿意的，但是也沒有其它選擇的可能，因此最好是在周圍區域以警戒線分隔的劃分下停止生產。這麼作也將會減低工作人員在溼滑地板上滑倒的風險。

22.5.2　與區域型式有關的清潔方法

清潔時應該把關於「關鍵」(critical)、「一般」(general)、「其他」(other)區域的概念釐清。這些區域分類如以下所示：

● 「關鍵區」是指產品的生產區域屬於一開放空間並暴露於污染中。所以通常會位於一個加強乾淨空氣設備中。

● 無塵室內的「一般區」通常位於「關鍵區」之外。在這個區域的表面污染不會直接污染到產品，但是可能經由空氣，或是藉由接觸例如牆壁、桌面以及地板這樣的表面，污染由一般區而移轉到關鍵區中。

- 「其他區」是指在主要無塵室之外的區域，例如物料氣鎖區(緩衝區)、變換區、無塵室走廊、及輔助區域。

關鍵區最需要完整的清潔，一般區則較少，其他區則更少。然而，某些「其他區」會產出高濃度的汙染物，或是在某個區域當中可能有一個程序疑似會被汙染，而需要被清潔到一般標準。安排到清理某個表面的時間，其分配應該是「關鍵區」，其次「一般區」，最少的是「其他區」。若你將清潔工作外包給包商時，通常使用上述建議，規定在不同區域中，每單位面積的清掃時間。

「一般」與「其他」區域之清潔間隔期限，則應依照無塵室的潔淨標準而定，但其清潔時間可以在工作週期之前或之後。這可讓此區域工作的人員來進行這些工作，或者是由清潔人員或外包清潔人員來作。「關鍵」區域的清潔工作必須頻繁地進行。清潔工作只由清潔人員作的想法是錯的。無塵室內的工作人員都必須整天時時清潔關鍵區域，例如在開始生產一批新產品前，工作人員本身便須作清潔工作。

22.5.3　清潔方法

圖 22.9 表示在無塵室中清理「一般區」與「關鍵區」的建議方式，而圖 22.10 中則是「關鍵區」的建議方式。

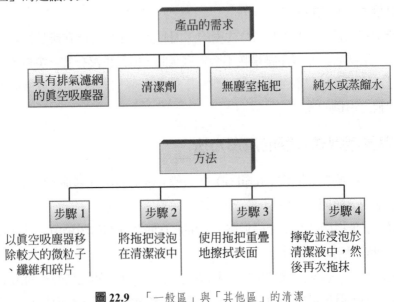

圖 22.9　「一般區」與「其他區」的清潔

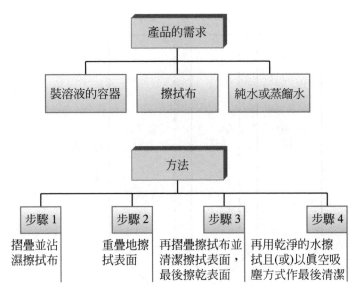

圖 22.10　「關鍵區」的清潔

有關清潔方法，下列數點需要考慮：如以下所示：

1. 清潔過程開始時，先以乾式真空吸塵吸走較大的「條狀物和小石頭」。乾式真空吸塵的方式在無塵室應用上並非一個好的清潔方法，但是它可以作為清潔的首要條件。「關鍵區」通常不需要真空吸塵，除非生產程序擴散大量的纖維或是大微塵粒子。纖維、玻璃碎片可以透過吸塵器來清除，但是小的微塵粒子無法清除。真空吸塵也可移除夠多的塵土，以便接著使用低濃度的清潔劑。如果在使用真空吸塵時不能吸起較大的物件，那麼就應該使用濕式拖把將其收集後再加以清潔。

2. 當在建立一份無塵室清潔的計劃表時，應特別注意由於微塵粒子會因為重力關係而沉澱下來，因此，水平表面將會比垂直表面來得容易髒。此外，與人員有所接觸的表面也將比沒接觸到人員的表面來得容易污染。這表示天花板僅會有一些微塵粒子，而牆壁會有再多一些的微塵粒子。這使天花板與牆壁較不需清潔，而地板及門便要，因為在這些地方微塵粒子比較會從空氣中沈澱或接觸到。

3. 使用重疊擦拭布或拖把。無塵室在人們肉眼看起來總是乾淨的，但是若非經由重疊擦拭的方式，並不易保證在其表面上的每個部分都是乾淨的。在 IEST-RP-018 中我們可以了解到如何進行重疊擦拭，我們也在圖 22.11 與圖 22.1 中重置了這些說明，這些圖均有得到環境科學與科技研究所的允許。對牆壁以及類似表面的清潔方式可參考圖 22.11。上述方法也可以用來清潔地板，而圖 22.12 則顯示了另外一種方法。

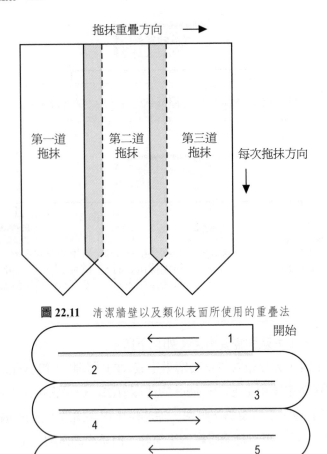

圖 22.11　清潔牆壁以及類似表面所使用的重疊法

圖 22.12　用來清潔地板的重疊法

4.　當清潔大區域時，應該從最遠離無塵室出口的地方開始，以及距離清潔人員最遠的點開始。當要開始清潔某個清潔度不一的區域時，清潔應該要從最乾淨的點開始。使用以下步驟來確保表面不會被再次污染。

5.　若使用濕式擦拭布時，用後應該把它摺疊好(通常收到 1/4 大小)，當須再進行清潔工作時，應再摺出另一個乾淨的表面。當所有擦拭布的表面都已使用過後，就需要再加以更換了。

6. 應該注意水的潔淨度。當水變色時，可以透過換水來改善清潔度。然而，當水變色時，表示此時的水已經太髒而不能使用。可藉由量測被清潔表面上的污染物濃度(使用在第 22.7 節中所使用到的測試法)，以便計算一桶水在達到不可接受的程度之前，所能清潔的最大區域。這個計算出來的區域，可用來決定在換水之前可以清潔多大的無塵室區域。

7. 在「關鍵」區域和某些「一般」區域清潔時，有時候會以「清潔」的水來清洗表面並完成此清潔程序，因此，任何殘留的塵土、表面活性劑和消毒劑都將被移除。此法在單一水桶系統中特別有用。

8. 如果消毒劑是以水溶液的狀態來進行清潔時，要注意到，其並不會馬上殺死微生物。消毒劑應該足量地使用以確保不會乾掉，而且應最少停留在表面兩分鐘以上，若是五分鐘以上則更佳。酒精通常會比較快乾；這是可以使用的，其殺死微生物的方式為隨酒精揮發。

9. 某些擦拭布可以有效的移除微塵粒子，但是有時會掉一些纖維。在這種情形中，清潔工作可在針對表面進行真空吸塵後而加以結束。

10. 無塵室黏性腳踏墊以及無塵室黏性地板也需要定期的注意與清潔。這種腳踏墊是由一層層的可黏性塑膠薄膜所組成，因此當最上面一層佈滿塵土時，需要將最上一層移除。移除時，應小心地由外向中間移動移除髒的那一層，因此當那一層被移除時，塵土會留在中間。無塵室黏性地板應該使用製造商所限定的方式來做清潔。這通常需要拖把，以及藉由刮刀以及濕式抽取真空法來移除多餘水分。通常要確認在地板下沒有任何水分或是微生物可以繁殖。

11. 相對於丟棄量，垃圾桶不應該太大。這可以確保垃圾不會被留置太久。垃圾桶應該要用塑膠袋作內裡，且塑膠袋要有足夠強度以免被刺破。然而，移除這些塑膠袋時可能會產生污染雲，所以垃圾桶不應移到靠近產品為暴露的區域。這些內裡塑膠袋在移除丟棄之前應該要仔細綑綁。

22.6 清潔程序

開發一套清潔程序來確保無塵室內處於可接受的低污染程度是必需的。這個程序必須由標準作業程序來規範(Standard Operating Procedures, SOPs)。這可能需要考慮到下列某些點：

1. 待清潔的表面分類成爲「關鍵區」,「一般區」以及「其他區」。

2. 如何分配這些區域是由無塵室人員清潔或是專業清潔人員作清潔。

3. 不同區域的清潔頻率,以及何時應該要實施清潔。

4. 清潔每個區域所應該花費的時間。

5. 用來清潔不同的區域所使用的清潔用品,清潔劑以及清潔方式。

6. 決定清潔程度的測試方式,來測試表面維持在一個可接受的污染程度。

7. 在清潔過程中所牽涉到的人員訓練。

8. 所有程序的文件化。

下面是一個如何建立清潔程序的簡單範例:

❶ **表面需要先分類爲關鍵,一般以及其他區域**

這個範例是先前在第五章中討論到的簡單無塵室房間,其中圖 5.1 以及圖 5.7 顯示了典型的配置。無塵室的清潔計畫如圖 22.13 中所示,其中清潔區域被分類爲「關鍵」,「一般」,或是「其他」。

在無塵室中央是「關鍵區」,在此處這個產品會直接遭受到汙染。這個區域是由一個單一方向氣流工作站來保護。而「一般區」則是在主無塵室中,除了「關鍵區」之外的所有地區。「其他區」則是轉換空氣鎖以及更衣區。在無塵室外的走廊是一個非控制區域,其僅需要按照工廠其他區域一般的標準來進行清潔。

❷ **那個區域需要由無塵室人員進行清潔?那些區域需要由專業清潔人員進行清潔?**

在此範例中無塵室房間是一個小的房間,因此若請無塵室人員進行所有的無塵室清潔會比較有效率。然而,清潔人員或是由外包清潔公司可以清潔「一般區」或「其他區」,但是通常「關鍵區」必須要由無塵室人員來進行清潔。

❸ **清潔不同區域的頻率,以及何時應該清潔**

一般來說,在關鍵區域內的機器通常在生產開始之前,也就是早上進行清潔。在單一方向氣流工作站的內牆應該要每周進行清潔。

在一般區的所有表面,例如地板,桌面,門,除了牆壁與天花板之外,應該都要每天清理。

在其他區域,也就是更衣區或轉換區,地板以及交叉的板凳應該要每天進行清潔。所有其他區的表面,除了牆壁以及天花板之外,應該要每週清理。

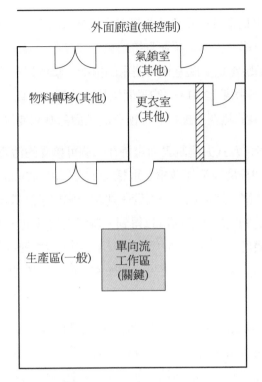

圖 22.13　清潔區域的分類

在一般區與其他區，牆壁(包含排氣風口)應該要每週清理，而天花板(包括空氣補給)應該要每月清理。

另一個更明確決定需要清潔頻率的方式，是在每次清潔之後立刻量測表面顆粒污染程度，並且在固定的間隔之後，來看要花多少時間微粒子濃度才會上升到一個無法接受的水準。在第 22.7 節中可以看到有關測試方式的資訊。以上資訊應該要同時考慮伴隨汙染由表面被轉移到產品上之風險程度的評估(請參閱第 16 章有關風險評估的建議)。

❹ **花在清潔上的時間**

對某個特定的表面區域所花的清潔時間(time/m²)，將會由產品被污染的可能性以及污染由表面傳遞到乾淨產品的機率之乘積來決定。時間的分配也會根據可得的財政資源，以及必須要能夠控制這些變數以獲得對每個狀況的最佳答案。

❺ **在不同區域中使用之清潔設備、清潔劑以及清潔方法**

關鍵區可以使用無塵室專用擦拭布，上面沾有從擠壓罐所配出來 80% 異丙醇酒精。可以使用重覆擦拭。

地板可以使用三水桶系統以及合適的無塵室拖把來清潔，而當某個區域被清理乾淨之後，當然也可以使用單一水桶系統並且持續更新清潔劑，或是使用預先清潔好的拖把頭。拖把(參考圖 22.4)應當是無塵室級所使用的拖把。牆壁以及天花板則需要利用前端為海棉的無塵室拖把(參考圖 22.3)。門的表面以及其他較小或較不規則的表面(例如排氣風口或送風口)可以用濕的無塵室擦拭布。所有的表面都應該要以重疊方式刷過。

❻ **決定清潔程度的測試方式去測試表面維持在一個可接受的污染程度**

無塵室表面的乾淨程度及清潔效率之取樣法，可以由 47mm 的薄膜濾網支架來決定，其中它移除了支持網。這可以用一根管子連結一個粒子計數器。這個固定器可以用在表面上，並且拖曳足夠大的表面區域以得到一個很大的數量。其他種類的取樣方法，對於要確認表面上的濃度，以及清潔的有效性，已在第 22.7 節中討論過。

當建立一組清潔程序之後，需要實施一個較密集的測試方式，測試的頻率可以降低到一個適合的水準。

❼ **將清潔過程文件化以及訓練所有在清潔過程中有關的人**

所有程序必須要使用文件紀錄下來，同時所有清潔人員也都應該要經過訓練。但要如何達成上述工作已經超過本書的範疇，並且不會再此處討論。

要獲得更多的資訊來協助產生一個清潔程序，可以在 IEST-RP-018 無塵室清潔：操作監視程序，以及 ISO 14644-5 操作方式中找到。

22.7 測試方法

在家裡，要確認你所做的清潔工作是否成功是很簡單的。當然，通常看起來一塵不染就已經足夠了。在無塵室中，一個不可接受的灰塵水準，是無法用眼睛察覺的，因此需要一個特別的測試方式。在此有兩個方式來測試無塵室內的表面。首先，用來建立表面究竟有多髒的測試方式，以及是否這個表面已經被清潔到可以接受的水準。藉由在清潔前與清潔後對表面進行採樣，可以決定究竟這個清潔是否有效。第二，究竟如何多快可以將無塵室表面變乾淨的方法，以及找出多久這個表面應該要被清潔的訊息之方法。可行的測試方法如下：

22.7.1　表面濃度法

　　以下的方式可以被用來建立表面上的微塵粒子濃度。在經過清潔之後,這些方法可以用來確定清潔過後的表面是否在一個可接受的低濃度,或者在清潔前與清潔後比較,用來確認清潔是否有效。

1.　以一潮濕的黑色或白色擦拭布擦拭過一定範圍的無塵室表面後,吾人即可能由其髒污的情形來判斷出在其表面上灰塵的數量。

2.　用紫外光照射可以使表面的微塵粒子和纖維發出螢光。例如,無塵衣的纖維將在光線的照射下顯現出來。

3.　用高強度的光線從表面以銳角投射方式投射過去,可在暗房中看見小的微塵粒子和纖維。

4.　黏性膠帶可應用在接觸表面上,黏完後再加以移除。如此一來,微塵粒子就會從表面脫離而黏附在膠帶上,再將膠帶拿到顯微鏡下觀察,即可知道微粒子的大小與數目。這個方法是用來計算微粒子 $\geq 5\ \mu m$。美國試驗材料學會(American Society for Testing Material, ASTM)的標準 E 12-87 對此一方法有重點且概要地說明。ASTM F25 是用來找出如何用顯微鏡方式來計算微粒子的資訊。

5.　有某些儀器可用來測量表面上的微塵粒子數。將取樣頭(sampling head)推至量測表面上,則即可由光學粒子計數器(particle counter)來量測出微粒子的數量。

6.　一個直徑為 47 mm 的薄膜容器(其並沒有薄膜支撐網格)可與粒子計數器連接,然後在一所知區域內進行真空吸塵一定的量,並加以計算微粒子數。

22.7.2　微粒子沉積方式速率

　　還有數個方法可以用來量測在一個測試表面微粒子的沉積速率,以及用來設定清潔的頻率。

　　一個沒有微顆粒玻璃(或是清潔塑膠)滑板可以放在無塵室表面中一段時間,可以數小時或是數天。沉積在板子上面的微塵粒子數目及尺寸,可以用顯微鏡來量測,或者是由光電儀器等設備來量測在測試板子上面,被微塵粒子散射的光線。應用在半導體生產區域的自動測試設備,可用來計算與評估在矽晶圓上的微粒子,也可以得出某段時間內,放在無塵室表面上測試晶圓上所沉積微粒子的數目。有關上述測試方法的更進一步資訊,請參閱 IEST-RP-CC018。

22.7.3 滅菌方法

若需要有關滅菌方法的有效性資訊，以及在表面微生物的濃度資訊，可以使用接觸板或清潔棒。對抗滅菌的中性劑可以用在適合微生物生存的介質中，之後微生物的生長會被抑制。此種微生物表面取樣法已討論於第十四章。

誌 謝

圖 22.2 是經 Tiger-Vac 公司允許而再製。圖 22.3 和圖 22.4 是經 Micronova Manufacturing 公司允許而再製。圖 22.5 是經 Shield Medicare 公司允許而再製。圖 22.7 是經 Dycem 公司允許而再製。圖 22.11 及 22.12 經 IEST 允許後再製使用。

國家圖書館出版品預行編目資料

無塵室技術－設計、測試及運轉 / William Whyte 原著；
王輔仁 編譯. -- 新北市：全華圖書, 2012.01
　冊；　公分
　譯自：Cleanroom technology: fundamentals of design, testing
　　　　and operation, 2nd ed.
　ISBN　978-957-21-8358-8 (平裝)

1. 空調工程

446.73　　　　　　　　　　　　　　　100027374

無塵室技術－設計、測試及運轉(第二版)
Cleanroom technology: fundamentals of design, testing and operation, 2/E

原著 / William Whyte
編譯 / 王輔仁
執行編輯 / 潘韻丞
出版者 / 全華圖書股份有限公司
　　　　　地址：23671 台北縣土城市忠義路 21 號
　　　　　電話：(02) 2262-5666　(總機)
　　　　　傳真：(02) 2262-8333
發行人 / 陳本源
郵政帳號 / 0100836-1 號
印刷者 / 宏懋打字印刷股份有限公司
圖書編號 / 06081
初版一刷 / 2012 年 01 月
定價 / 新台幣 320 元
ISBN / 978-957-21-8358-8 (平裝)
全華圖書 / www.chwa.com.tw
全華網路書店 Open Tech / www.opentech.com.tw
若您對書籍內容、排版印刷有任何問題，歡迎來信指導 book@chwa.com.tw

臺北總公司(北區營業處)
地址：23671 新北市土城區忠義路 21 號
電話：(02) 2262-5666
傳真：(02) 6637-3695、6637-3696

中區營業處
地址：40256 臺中市南區樹義一巷 26 號
電話：(04) 2261-8485
傳真：(04) 3600-9806

南區營業處
地址：80769 高雄市三民區應安街 12 號
電話：(07) 862-9123
傳真：(07) 862-5562

免費訂書專線 / 0800021551

有著作權 · 侵害必究

勘 誤 表

書號		書　名	作　者
頁　數	行　數	錯誤或不當之詞句	建議修改之詞句

我有話要說：（其它之批評與建議，如封面、編排、內容、印刷品質等‧‧‧‧）

讀者回函卡

填寫日期：　　／　　／

姓名：＿＿＿＿＿＿　生日：西元　＿＿＿年　＿＿月　＿＿日　性別：□男 □女
電話：（　　）＿＿＿＿＿＿　傳真：（　　）＿＿＿＿＿＿　手機：＿＿＿＿＿＿
e-mail：（必填）＿＿＿＿＿＿
註：數字零，請用 Φ 表示，數字1與英文L請另註明並書寫端正，謝謝。

通訊處：□□□□□

學歷：□博士 □碩士 □大學 □專科 □高中‧職
職業：□工程師 □教師 □學生 □軍‧公 □其他
學校／公司：＿＿＿＿＿＿　科系／部門：＿＿＿＿＿＿

‧需求書類：
□A. 電子 □B. 電機 □C. 計算機工程 □D. 資訊 □E. 機械 □F. 汽車 □I. 工管 □J. 土木
□K. 化工 □L. 設計 □M. 商管 □N. 日文 □O. 美容 □P. 休閒 □Q. 餐飲 □B. 其他

‧本次購買圖書為：＿＿＿＿＿＿　書號：＿＿＿＿＿＿

‧您對本書的評價：
封面設計：□非常滿意 □滿意 □尚可 □需改善，請說明
內容表達：□非常滿意 □滿意 □尚可 □需改善，請說明
版面編排：□非常滿意 □滿意 □尚可 □需改善，請說明
印刷品質：□非常滿意 □滿意 □尚可 □需改善，請說明
書籍定價：□非常滿意 □滿意 □尚可 □需改善，請說明
整體評價：請說明

‧您在何處購買本書？
□書局 □網路書店 □書展 □團購 □其他

‧您購買本書的原因？（可複選）
□個人需要 □幫公司採購 □親友推薦 □老師指定之課本 □其他

‧您希望全華以何種方式提供出版訊息及特惠活動？
□電子報 □DM □廣告 （媒體名稱＿＿＿＿）

‧您是否上過全華網路書店？（www.opentech.com.tw）
□是 □否　您的建議＿＿＿＿

‧您希望全華出版那方面書籍？＿＿＿＿

‧您希望全華加強那些服務？＿＿＿＿

～感謝您提供寶貴意見，全華將秉持服務的熱忱，出版更多好書，以饗讀者。
全華網路書店 http://www.opentech.com.tw　客服信箱 service@chwa.com.tw

2011.03 修訂

歡迎加入 全華會員

● 會員獨享

會員享購書折扣、紅利積點、生日禮金、不定期優惠活動…等。

● 如何加入會員

填妥讀者回函卡寄回、將卡由專人協助登入會員資料、待收到 E-MAIL 通知後即可成為會員。

如何購買

1. 網路購書

全華網路書店「http://www.opentech.com.tw」、加入會員購書更便利、並享有紅利積點回饋等各式優惠。

2. 全華門市、全省書局

歡迎至全華門市（新北市土城區忠義路21號）或全省各大書局、連鎖書店選購。

3. 來電訂購

(1) 訂購專線：(02) 2262-5666 轉 321-324
(2) 傳真專線：(02) 6637-3696
(3) 郵局劃撥（帳號：0100836-1 戶名：全華圖書股份有限公司）
※ 購書未滿一千元者，酌收運費 70 元。

OpenTech.com.tw

全華網路書店 www.opentech.com.tw
E-mail: service@chwa.com.tw

全華圖書
全華書槽

廣 告 回 信
板橋郵局登記證
板橋廣字第540號

行銷企劃部 收

全華圖書股份有限公司
23671
新北市土城區忠義路21號